废弃泥浆和渣土资源化利用技术研究

王　敏　彭明刚　宗秋雷　段景川　任杰辉 等　**著**

程　文　任立志　**主　审**

中国水利水电出版社
www.waterpub.com.cn
·北京·

内 容 提 要

建设施工过程中产生的废弃泥浆和渣土，是主要建筑垃圾之一。众多建设工程，如房建、交通、水利、市政等建设施工过程中都会产生大量废弃泥浆和渣土。“减量化、无害化、资源化”是废弃泥浆和渣土处理的重要原则。近几年，随着生态文明建设的逐步推进，各级部门对建筑垃圾的监管不断加强。如何“高效、环保、经济”地处理和处置废弃泥浆和渣土这类建筑垃圾是建筑行业和环保行业需要共同解决的难题。本书主要介绍了作者及其团队在废弃泥浆和渣土处理、资源化利用及效益分析方面的一些研究成果和应用。

本书可为建设行业的废弃泥浆和渣土处理及资源化利用领域的科研人员和学生提供参考，也可以为建设项目管理人员和技术人员提供参考阅读。

图书在版编目（CIP）数据

废弃泥浆和渣土资源化利用技术研究 / 王敏等著
. -- 北京 : 中国水利水电出版社, 2023.11
ISBN 978-7-5226-1891-3

Ⅰ. ①废… Ⅱ. ①王… Ⅲ. ①建筑垃圾－废物综合利用－研究 Ⅳ. ①X799.1

中国国家版本馆CIP数据核字(2023)第209919号

书　　名	**废弃泥浆和渣土资源化利用技术研究** FEIQI NIJIANG HE ZHATU ZIYUANHUA LIYONG JISHU YANJIU
作　　者	王　敏　彭明刚　宗秋雷　段景川　任杰辉　等 著 程　文　任立志　主审
出版发行	中国水利水电出版社 （北京市海淀区玉渊潭南路1号D座　100038） 网址：www.waterpub.com.cn E-mail：sales@mwr.gov.cn 电话：（010）68545888（营销中心）
经　　售	北京科水图书销售有限公司 电话：（010）68545874、63202643 全国各地新华书店和相关出版物销售网点
排　　版	中国水利水电出版社微机排版中心
印　　刷	天津嘉恒印务有限公司
规　　格	170mm×240mm　16开本　11.5印张　225千字
版　　次	2023年11月第1版　2023年11月第1次印刷
印　　数	001—600册
定　　价	**56.00**元

前言

随着城市化进程和基础设施建设规模的不断扩大，建筑垃圾处理与处置面临严峻挑战。废弃泥浆和渣土作为建筑垃圾的一种，其产量也快速增加。传统的废弃泥浆和渣土处置方式是外运倾倒或堆积填埋，不仅运输成本高、存在安全隐患，而且二次污染问题也非常突出，给生态环境带来了巨大威胁。

为解决建筑施工废弃物“乱排、乱堆、乱放”带来污染问题和环境风险，新固废法中将建筑垃圾的环境污染防治管理和安全隐患防治管理提升到新的高度，指出要实现建筑垃圾从不可控管理，向“建筑垃圾分类处理、回收利用和全过程可控管理”过渡，最终实现“减量化、无害化、资源化”的目标，不断推进工程建设可持续发展和城乡人居环境改善。

开展工程泥浆和渣土减量化工作，首先需要分析不同工程泥浆和渣土产生源、种类和性质，即分类是减量化的前提；不同来源的工程泥浆和渣土成分是不一样的，而且存在着明显的区别，需要根据其主要成分针对性考虑主导的综合利用工艺；“无害化”是泥浆和渣土管理的根本目的，也是总体要求。“减量化”和“资源化”是泥浆和渣土“无害化”管理的重要手段，“减量化”“资源化”必须服从并服务于“无害化”这个根本目标。

本书在废弃泥浆和渣土污染特性、处理技术及资源化途径等方面，与相关建设工程企业单位联合完成了多项研究，推动了废弃泥浆和渣土高效处理与资源化利用技术的应用和发展。

本书第 1 章为绪论；第 2 章为废弃泥浆的絮凝和分离；第 3 章为废弃泥渣制备发泡混凝土技术；第 4 章为废弃渣土制备免烧陶

粒技术；第5章为废弃泥渣协同污泥（堆肥）制备技术新成土；第6章为废弃泥浆和渣土现场处理工艺与效益分析。

本书是陕西省教育厅重点科学研究计划项目（20J045）、中国电建科技项目（SZDT－1203－ZY－2018－[科研]－03）等研究成果的总结。在课题研究和书稿撰写过程中得到了许多专家学者的指导和帮助。中电建铁路建设投资集团有限公司任立志、彭明刚、宗秋雷、段景川、魏刚、朱尚明、蔡谦、李伯富等在项目实施、方案优化及书稿撰写过程中提供了许多指导和帮助；程文、任杰辉、万甜在实验研究、书稿撰写与审定过程中付出了大量心血；贺明星、王倩、王敏慧、刘博、张雨桐、惠佳瑶、李冬、王琛贤、丛佩瑶、喻国峰、王锐、马中骏、蒲俊霖等多名研究生在数据处理、内容校对等方面也做了许多工作，在此表示感谢。

限于作者水平，书中难免有疏漏和不足之处，敬请读者批评指正。

作者

2023年8月

目 录

第1章　绪　　论

在工程建设施工中使用和产生泥浆的环节有很多。比如，在桥梁桩基成孔过程中就需要用一定比重泥浆进行护壁；在地下围护结构的成槽过程中也需要泥浆来平衡底层压力；另外，在地铁盾构过程中也会产生大量的盾构泥浆和泥渣。随着施工过程的进行，泥浆的性质逐渐恶化，或者施工结束后需要清理钻孔，这些多余或废弃泥浆就成为施工废弃物，必须进行有效处置。

本章重点介绍施工废弃泥浆的产生过程、其对环境的危害以及常用的处理和资源化利用工艺。

1.1　废弃泥浆的产生与危害

1.1.1　废弃泥浆的产生

随着我国城市化进程不断加快，各项基础设施建设热潮还将持续。城市中越来越多的高层建筑拔地而起，地面轨道交通日益完善，道路、地铁和高铁也展开了大规模的建设。灌注桩施工、地下连续墙围护结构施工等作为一种桩基础施工工艺，因为能满足各类复杂地质施工要求而被广泛应用于高层建筑和高铁桥梁等深基础施工中。工程泥浆作为常规岩土施工中的工程材料，在这些建设项目中具有重要作用。

工程泥浆是一种由细黏土（或膨润土）、水、化学添加剂及一些惰性物质组成的悬浊液，具有一定黏度。黏土是泥浆中主要的固相成分，其颗粒直径大多数小于 2μm，具有吸附粒子、水化膨胀以及分散或絮凝等性能。根据泥浆配置过程中的分散相可以分为水基泥浆和油基泥浆，大部分钻孔泥浆为水基泥浆，而油基泥浆仅在一些特定场合，如石油钻井中使用。

泥浆作为一种工程辅助施工材料主要应用于桥梁桩基工程、非开挖穿越工程、石油钻井工程、地下隧道盾构工程等的施工中，可以保护井壁、悬浮钻渣、携带钻渣出孔、平衡地层压力和冷却润滑钻具；另外，在石油钻孔中，钻井液还能起到提供井底动力、液力碎岩、返送井底岩样、防止井喷等作用；压裂液可以压开地下产油层，形成较大尺寸的裂缝，增加石油的流动性以提高产量。另外，泥浆还能有效地抑制地层中的地下水喷出及突涌，确保了施工的顺利进行。

在施工过程中泥浆成分和特性不断发生变化，泥浆性质会逐渐变差，经过多次使用后，其理化性质不能满足施工过程中对泥浆的性能要求，就会产生大量的废弃泥浆。废弃泥浆的含水率超过液限含水率的 1.2～2.0 倍，流动性能好且基本不具有力学性能。总体来说，施工废弃泥浆有如下特点：组成复杂，一般呈碱性，pH 值在 8.5 以上，有的可达 13 以上；固相颗粒粒度一般为 0.01～0.03μm（即 95%以上颗粒可以通过 200 目筛），外观一般呈黏稠流体或半流体状，而且色度大，具有颗粒细小、级配差、含水率高、不易脱水、黏度大等特性。

据不完全统计，我国每年产生约 3 亿 m^3 的工程废弃泥浆，并以 10%的增长速度逐年递增，这给我国环境保护和城市建设工作带来了严重不利影响。2020 年 4 月 29 日，全国人民代表大会常务委员会第十七次会议第二次修订《中华人民共和国固体废物污染环境防治法》，在“无害化”的基础上，正式提出了“减量化、无害化、资源化”的“三化”原则，并于 2020 年 9 月 1 日起正式实施，“三化”原则首次以法律的形式得以确立，必将对我国固体废物污染环境防治产生积极而深远的影响。

1.1.2 废弃泥浆的危害

废弃泥浆对环境的不利影响是多方面的。由于其特殊的物理、化学性质，其自然干结过程缓慢，泥浆干结物遇水浸湿后易再度形成废弃泥浆样物，会对排放点及附近地带的土壤物理性质产生长期的不良影响。由于废泥浆中含有各种有机和无机化学添加剂，其中重金属、石油类及表面活性剂等有害物质浓度较高，个别有害物污染指标超出国家允许排放浓度的数百倍。此外，废弃泥浆分散性较好，在自然状态下难以快速沉淀，随着废弃泥浆持续产生，施工现场需要设置大型储泥池，占用施工场地而且影响其他设备的布设和工作；此外由于收集和存储不便的问题，泥浆抛洒和外溢情况时有发生，这不仅会给周边环境造成二次污染，也会受到环保和市政部门的惩罚，严重的还会影响到工程进度。

目前，在施工现场多用槽罐车将废弃泥浆运到郊外使其自然干化，这种处理方式原始落后、效率低、费用高，在运输过程中常因泥浆的漏洒而污染城市道路。

由于缺少有力的法律约束和成熟的监管体系，某些施工单位和运输单位为降低处理成本，偷排乱排现象屡禁不止，将未经处理的工程废弃泥浆直接排放至河流湖泊和市政管网内，容易造成河道和市政管网堵塞，破坏河流水体环境，影响市容市貌；若排放至农田会破坏土壤结构，造成土壤板结，影响农作物的生长。

1.2 废弃泥浆处理和资源化利用

随着人们环保意识的增强，近年来国内外对废弃泥浆处理的研究和实践日益增多，废弃泥浆的无害化处理已经提上日程。

1.2.1 废弃泥浆处理

国内目前对废弃泥浆的处理方法主要有以下几种，见表1.1。

表1.1 常用的废弃泥浆处理方法

技术方法	优点	缺点	适用范围	应用案例
传统沉淀法	不需加入药剂，处理后的上清液无污染	时间长，场地大，对施工环境影响较大，方法较为原始	适用于处理污染比较小的泥浆	我国南京长江隧道、武汉长江隧道、京沪高速铁路等
化学固化处理法	处理量大，处理效果好	成本高，后期处置比较麻烦	适用于处理污染物水平较高的泥浆	油田钻井废弃泥浆等
土地耕作处理法	经济效益高	泥浆填埋地难找而且较远，运费高，容易造成土壤的二次污染	适用于处理污染物水平较低的泥浆	上海地铁明珠线二期西藏南路站、天津地铁2号线红星路站等
絮凝-脱水法	处理周期短，占地少，对周围环境影响较小	设备复杂，操作较麻烦，絮凝剂的选用及投量要求高	适用于处理污染物水平较低的泥浆	合福高速铁路2标段等

1. 传统沉淀法

传统沉淀法是利用低洼地或简易沉淀池存放废弃泥浆，静置一段时间待泥浆沉淀后，排去上清液，施工完毕后对沉淀底泥进行填埋复垦。在环境敏感区（如水源保护区、自然保护区等）和社会关注区（城市区域、河道、农田等）施工的废弃泥浆经自然沉淀后，用槽车运至环卫部门指定的固体废物填埋场填埋处置。

这种方法是一种需要时间很长、场地大的原始方式，利用岩屑在重力作用下自动沉降的原理，在地表设置冲洗液净化装置。但因泥浆胶体具有稳定性，依靠传统沉淀实现固液分离比较困难，所需要的沉淀时间长，占地面积大，施工期间遇到降雨等情况，易造成沉淀池内的泥浆外溢污染环境；静置期间还需要对沉淀池进行管理，采取适当的拦挡措施，防止人畜掉进池内；外运至填埋场还需要巨大的运输费用。

目前，我国南京长江隧道、武汉长江隧道、杭州钱江隧道等大型隧道，盾构施工产生的泥水一般通过大型泥水沉淀池的处理后，由泥浆船运至指定地点倾倒。由于传统沉淀法占地面积较大，所以目前国内外采用此方法的比较少。

2. 化学固化处理法

化学固化处理法是用物理化学的方法将有害物质包容在惰性材料当中使其稳定的方法。固化技术是从处理放射性废物发展起来的，通过在废弃泥浆中加入固化剂或凝固剂，使泥浆中水分减少，形成有一定强度的稳定的抗水固体，泥浆中的有机物和重金属被惰性化而不易被浸出，从而使有害物质不再向环境扩散和迁移。固化剂一般以水泥为主要材料，辅之以水玻璃、石膏以及各种添加剂。由于水泥的 pH 值较高，使得污泥中的重金属离子在碱性条件下，生成难溶于水的氢氧化物或碳酸盐等。某些重金属离子也可以固定在水泥基体的晶格中，从而有效地防止重金属的浸出。形成的固化块可以进行深埋或者用作建筑材料。传统的固化剂需要凝结 3～5d，加入复合型速凝固化剂可以将凝结时间缩短至几小时。

化学固化处理法单次处理泥浆量大，污染物含量较高时处理效果也比较好，但是处理工艺相对复杂，形成的固化物体积很大，给进一步处置造成困难，成本较高。例如胜利油田采用该方法的处理费用平均每口井为 3 万～5 万元。水基泥浆通过蒸馏和过滤后产生的水作为钻井用水重新被利用；废弃泥浆脱水后与水泥搅拌，装袋后由供给船运往岸边的处理厂；钻屑由真空装置运送与水泥搅拌，装袋后运走，其处理流程如图 1.1 所示。因此，目前固化处理法主要应用于含污染物较多的泥浆，如石油钻井废弃泥浆和危险固体废弃物的处理。

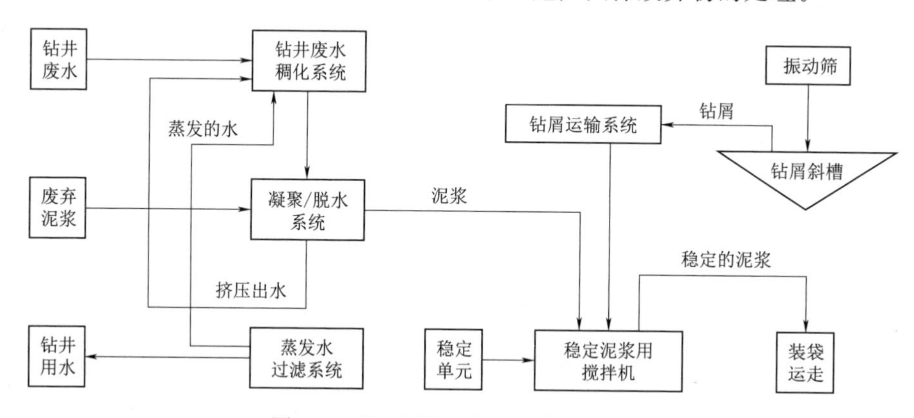

图 1.1 “地球号”废弃泥浆处理流程

3. 土地耕作处理法

土地耕作处理法是将废弃泥浆撒在土壤表层，用机械耕作将其混匀，利用土壤中的微生物将泥浆中的有害物质吸收利用后使之降解的方法。

该处理法从经济上看是最好的方法，但是不仅填埋的地点距离城市越来越远，而且远离城市的地点也很难保证。美国已证明，泥浆与土壤按 1：4 比例混合，作物生长正常。国内目前运用此方法的比较多，比如上海地铁明珠线二期西藏南路站，天津地铁 2 号线红星路站等用全封闭式运输泥浆车运送至指定地点。但土地耕作处理法要考虑运输成本，而且会造成二次污染，如处理不当会引起土壤板结、盐碱化等问题，因此该方法在美国受到限制甚至禁止使用，所以该方法正处在停滞不前的状态。

4. 絮凝-脱水法

废弃泥浆的絮凝和脱水是其处理过程的重要环节。絮凝是指通过在废弃泥浆中加入絮凝剂使悬浮在泥浆中的微小颗粒聚集成较大的絮体进而沉淀的过程，便于后续的泥水分离。脱水则是指将絮凝后沉淀下来的泥浆颗粒絮体，进一步通过脱水设备，使其水分进一步脱除的过程，脱水后的泥浆就会变为水分含量更低的渣土，便于后续处理和利用。

（1）絮凝过程。废弃泥浆的絮凝过程通常包括两个阶段：初级絮凝和次级絮凝。在初级絮凝阶段，絮凝剂与泥浆中的悬浮颗粒发生化学反应，生成较小的絮体。这些絮体在次级絮凝阶段进一步聚集成较大的絮体，从而得以沉淀，以便于后续的泥水分离，即泥浆中的颗粒物和水分离。

在废弃泥浆的絮凝过程中，絮凝剂的选择对絮凝效果具有重要影响。常用的絮凝剂包括无机絮凝剂（如硫酸铝、硫酸铁等）和有机絮凝剂（如聚丙烯酰胺等）。无机絮凝剂主要通过电荷中和作用使颗粒聚集成絮体，而有机絮凝剂则主要通过吸附架桥作用使颗粒聚集成絮体。

（2）脱水过程。泥浆的脱水是在絮凝的基础上进行的，主要目的是将絮凝过程中沉淀下的泥浆中的水分进一步去除，得到含水量更低的渣土。在废弃泥浆脱水过程中，泥浆被逐渐压缩并失去流动性，开始形成固体或半固体的形态，即泥浆逐渐脱水转化为泥浆和渣土（简称泥渣）。泥渣的含水率取决于脱水设备的性能和操作条件，通常在 30％～60％之间。

依照原理脱水方法可分为机械脱水、干化脱水以及渗流脱水。脱水过程通常采用机械脱水方法，如过滤、压滤、离心等。过滤是将絮凝后的泥浆通过过滤介质（如滤布、滤网等）进行固液分离，得到渣土。压滤是通过施加压力使泥浆中的水分被挤出，得到较为干燥的渣土。离心则是利用离心力使泥浆中的水分与固体分离，得到水分含量更低的渣土。机械脱水处理工艺流程见图 1.2。

常用脱水设备如下：

1）振动筛。振动筛是泥浆脱水处理系统中的关键设备，主要用于将渣土中 2mm 以上的粗骨料和 2mm 以下的细骨料及细颗粒相互分离。

2）旋流器与洗砂机。旋流器可以将粒径为 0.075～2mm 的固体颗粒分离

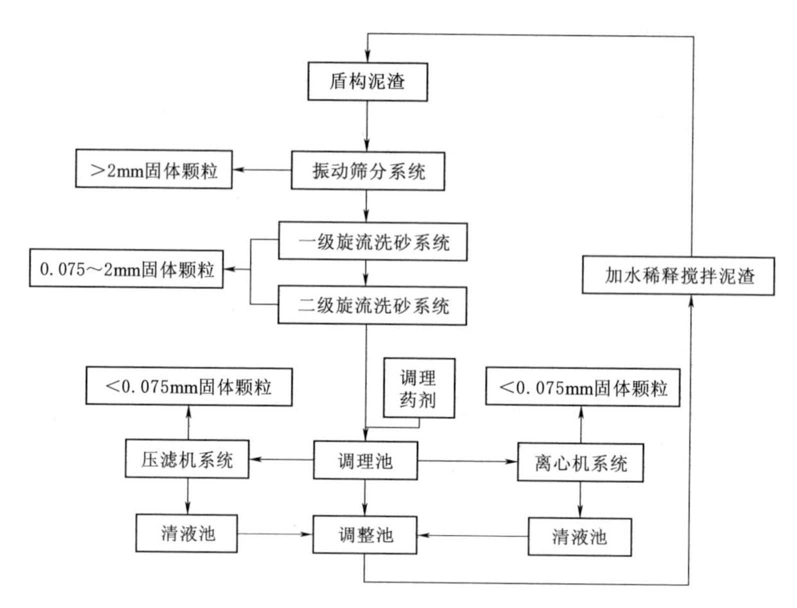

图1.2 机械脱水处理工艺流程

出来，其利用泥浆中固相、液相各颗粒所受的离心力大小不同进行分离。

3）压滤机。压滤机主要是对颗粒粒径小于0.0075mm的泥渣进行深度脱水。

4）离心机。离心机是泥渣脱水处理的常用机械，工程中常用的离心机为卧螺离心机，是基于固体颗粒与水在离心场中分层的离心沉降原理的一种泥渣脱水设备。

在脱水过程中，絮凝剂的加入可以改善泥浆的脱水性能，提高脱水的效率。此外，还可以通过调节絮凝剂的加入量、pH值、温度等条件来优化絮凝和脱水的效果。

(3) 泥渣组成与状态。泥渣一般为砂、土及改良剂等的混合物，其中改良剂可分为水、泡沫剂、分散剂、黏土矿物、絮凝剂等。原始地层的差异以及不同施工方法与使用的改良剂的差异，导致了不同工程的渣土成分与性质差异较大。有学者根据颗粒组成、击实后锥度仪贯入指数、含水率、流动状态，将泥渣按性质分为砂砾类、砂砾土类、硬黏土类、黏土类、渣泥类以及泥浆类6种。按照来源，盾构泥渣一般可分为泥水平衡盾构泥浆和土压平衡盾构泥渣，二者的区别主要在于含水状态不同。

(4) 泥渣性质。脱水后形成的泥渣是一种具有一定含水率和固体含量的废弃物。其性质受到原始泥浆成分、絮凝剂种类和用量、脱水设备类型及操作参数等多种因素的影响。

1）物理性质。

a. 外观：泥渣的外观通常为暗色或灰色，取决于其原始成分和脱水过程中的条件。

b. 密度：经过脱水后，泥渣的密度通常比原始泥浆要大，但仍然低于固体废物的一般密度。

c. 含水率：泥渣的含水率是其重要的物理性质之一。脱水后，泥渣的含水率会降低，通常在30%～60%之间。如果吸附结合水含量超过20%，渣土大多会呈现软泥状。含水率大于50%时，黏粒含量较多的渣土会呈现泥浆状。对于处于这些状态的泥渣，一般需要调理改性并脱水处理才能进行运输、堆放与利用，否则易引发外运过程中的撒漏以及渣土弃场中的倒溃、滑坡等安全问题。

d. 抗剪强度；改良后的渣土需要有较小的抗剪强度，其不排水抗剪强度一般为10～25kPa。这使得盾构泥渣颗粒结构松散，颗粒分散的渣土孔隙通道会更小从而使脱水性能下降。需要一定的固化改性才能使之具有一定强度，进而用于基础加固或用作建筑材料。

2）化学性质。

a. 成分：泥渣的成分取决于原始泥浆的来源和组成。通常，泥渣中包含土壤、砂土、岩石碎片、有机物等。此外，还可能含有一些化学物质，如重金属、有机物等，这些物质可能来源于原始泥浆中的污染物。

b. pH 值：泥渣的 pH 值也是其化学性质之一。pH 值的大小取决于泥渣中各种化学物质的含量和比例。

3）工程性质。

a. 可塑性：泥渣具有一定的可塑性，可以在一定条件下被塑形或压制。

b. 稳定性：在存放和运输脱水后的泥渣过程中，需要使其保持一定的稳定性，以防止其重新变成泥浆或发生其他变形。

4）环境性质。

a. 环境影响：泥渣的处置和利用需要考虑其对环境的影响。如果泥渣中含有有害物质，不当的处置可能会对环境造成污染。

b. 资源化利用：虽然泥渣是一种废弃物，但也可以通过适当的处理和加工，将其转化为有价值的资源产品，如建筑材料、燃料等。

1.2.2 废弃泥浆资源化利用

1. 资源化利用现状

目前，对泥浆和泥渣再利用的研究大部分仅停留在泥浆本身净化循环再利用方面，对泥浆处理物的再利用研究得较少。如盾构施工净化泥浆产生的废渣基本上还是外运作为填土处理，怎样实现分离物的现场再利用已经成为泥浆处理中一个重要问题。现场再利用减少了废弃物外运的成本，同时再利用也可以解决一些工程上的需要。

国内外目前也有泥浆再生处理的研究，如在威悉河隧道掘进泥浆处理过程中，分离出的砂土根据其颗粒含量的不同，可分别作为公路路基的承重层、隔音墙覆盖层和填充料等。通过对废弃泥浆固液分离法处理的泥浆，其分离的砂土可用于现场砂浆和低强度混凝土的原材料，分离出的黏性土由于强度很高可用作回填土或现场固化制砖等。这种方式不仅节省了外运的成本，同时创造了再利用价值。

在考虑环境效益和社会效益的前提下，对泥浆和渣土进行再生资源化处理，不仅消除了泥浆和渣土对周围环境产生的二次污染，同时将泥浆和渣土进行再利用，变废为宝，满足了可持续发展要求。依据我国现阶段污泥处理处置的情况，从经济可行的角度出发，通过固化技术，把泥浆和渣土转化为材料进行再生利用，是十分符合我国现有国情的。

废弃泥浆和渣土被固定化处理后不但可以包裹和钝化废弃泥浆和渣土中原有的污染物以降低对环境的污染，而且固化材料满足一定强度条件，还能被作为建筑材料使用，因此该方法近年来受到越来越多的关注，成为国内外研究的一个重点课题。

2. *废弃泥浆和渣土的固化与资源化*

对泥浆和渣土进行固化处理，一方面，可作为填埋处置的预处理方法，为泥浆和渣土进行填埋处置解除了限制；另一方面，通过对泥浆和渣土进行不同程度的固化处理，把泥浆和渣土转变成为一种新的材料资源，用以满足工程和环境的需要。

(1) 水泥固化技术。水泥是目前固化技术中使用最频繁的固化剂。水泥固化具有价格便宜，固化方法简单等优点。水泥作为一种无机胶凝材料，能发生水化反应，并形成坚硬的水泥块。同时能产生胶结作用，将砂石等无机材料黏结在一起，形成具有一定强度的整体。水泥固化技术在国内外得到了广泛应用，许多学者针对水泥固化问题进行了大量的试验研究与理论分析，取得了一些研究进展。

(2) 石灰固化技术。石灰固化技术是指将石灰为主要固化材料对污泥进行固化处理。将石灰加入到泥浆和渣土中，石灰会与污泥中的大量水分发生化学反应，生成氢氧化钙［$Ca(OH)_2$］等物质。这些物质与空气接触，会逐渐硬化，生成碳酸钙等具有一定强度的物质，并将污染物包裹，从而达到固化处理的目的。由于石灰具有一定的吸水性，并且价格相对低廉，来源广泛，固化技术简单易操作，同时被固化处理后的污泥无须干燥脱水，所以石灰固化技术在固化/稳定化技术中得到了广泛的应用。

Asavapisit 等将 30%的石灰和 70%的粉煤灰混合在一起，作为固化剂用来固化电镀污泥，研究发现在加了碱性激活剂硅酸钠和碳酸钠后，粉煤灰和石灰混合的早期强度增加。Kin 等将生石灰作为固化剂，转炉炉渣作为添加剂，并将两种固化材料一起加入到污泥中对其进行固化稳定化，以期固化处理后的污泥能作为填埋场的覆盖材料。李兴等同样采用生石灰方法对市政污泥进行固化处理，通过向市政污泥加入石灰粉，市政污泥的胶团结构被破坏，同时污泥的含水率也发生了大幅度的下降，实现了市政污泥的灭菌、除臭、脱水，得到了稳定的固化污泥。赵乐军将石灰、粉煤灰和泥土等作为添加剂加入到污泥中用来改善污泥的土力学性质，提高污泥的强度。通过研究在不同固化材料添加量的条件下，混合脱水污泥的密度，初始土工含水率，十字板抗剪强度，渗透系数，无侧限抗压强度等指标，对添加剂改善脱水污泥填埋特性进行了探讨，研究发现掺入这些固化材料后的污泥在养护 20～30d 后，其强度能满足填埋所要求的强度指标。

(3) 骨架构建固化技术。目前，传统固化污泥的方法是向污泥中加入水泥、生石灰、粉煤灰等固化材料。污泥颗粒自身强度很小，加入单一的水泥作为固化材料进行固化，其形成的固化体的强度主要是由水泥水化反应生成的水化硅酸钙等产物提供的，这就需要消耗大量的水泥才能取得一定的固化效果，所以其处理成本非常高。为此，国内外研究学者围绕物理调理剂形成骨架构建体及其在污泥固化中的应用开展了广泛研究，并提出了骨架构建技术对污泥进行固化的方法。其基本原理就是降低泥浆和渣土含水率，同时增加污泥中无机颗粒的含量，以利于水泥的水化反应，增强水泥的胶结作用，使水化产物与无机颗粒之间相互作用，共同形成完整的骨架结构，进而达到提高泥浆和渣土力学强度，降低固化成本，增强固化效果的目的。这种技术易于操作，可行性强，相比于传统的固化方法，还考虑了无机固体颗粒的骨架构建作用对污染物的固化和稳定化效果，成本也相对较低。

第2章　废弃泥浆的絮凝和分离

由于建筑废弃泥浆含水率高，这就给废弃泥浆的收集和运输造成很大困难。如果能采取措施，在施工现场对废弃泥浆进行絮凝，实现泥渣和水的高效分离，即对废弃泥浆进行减量化，这将大大降低废弃后续处理量。本章主要探究多种絮凝剂及投加工艺对废弃泥浆絮凝效果的影响。

2.1　废弃泥浆理化性质分析

废弃泥浆的理化性质可能会因泥浆的来源和组成而有所不同。一般来说，废弃泥浆的理化性质包括以下几个方面。

1. 外观和质地

废弃泥浆的外观可能会呈现不同的颜色和浑浊程度。它可以是黑色、棕色或者其他颜色，视泥浆的成分而定。观察废弃泥浆的颜色、透明度、浑浊度，以及固体颗粒的大小和形状。

2. pH值

废弃泥浆的pH值可能会受到泥浆的成分和处理过程的影响。pH值可以表征废弃泥浆的酸碱性质。

3. 悬浮物含量

废弃泥浆中的悬浮物含量通常较高，主要由泥土、粉尘等固体颗粒组成。悬浮物含量的多少可以通过浊度等参数来表征。可以将废弃泥浆样品进行固液分离，通过滤纸、离心等方法将悬浮物分离出来，然后通过称量或计算确定悬浮物含量。

4. 含水率

废弃泥浆中的水分含量较高，可以通过测定泥浆样品的湿重和干重来计算含水率。

5. 相对密度

测量废弃泥浆的质量和体积，计算出废弃泥浆的相对密度。

6. 黏度

使用黏度计或流变仪测定废弃泥浆样品在不同剪切速率下的黏度，以评估其流动性和黏稠度。

7. 水化学性质

废弃泥浆中可能包含有害物质或化学物质，如重金属、有机物等。这些物质可能对环境和人体健康造成潜在风险。通过使用化学分析方法，如原子吸收光谱、质谱、红外光谱等，对废弃泥浆中的元素、化合物或有机物进行定性和定量分析。

8. 有害物质

进行有害物质检测，如重金属含量或有机污染物含量的检测，可以使用相关的分析方法，如电感耦合等离子体质谱法（ICP-MS）、气相色谱质谱法（GC-MS）等。

分析废弃泥浆的性质可以提供废弃泥浆的详细物理和化学性质信息，对于处理和处置废弃泥浆具有重要意义。

深圳某地铁施工现场的废弃泥浆理化性质见表 2.1 和表 2.2。泥浆呈褐色，偏碱性，水中悬浮颗粒 Zeta 电位在−16～0mV 时，其稳定性能为分散的灵敏限制，表明该废弃泥浆稳定性能较好，不易沉淀。泥浆化学组成成分中，一般 SiO_2 含量占比最高。泥浆胶体率高，分散性好，沉降速度较慢，若含水率较高，表明在自然状态下达到泥水分离效果所用时间较长。

表 2.1　废弃泥浆理化性质

相对密度 /(g/cm^3)	胶体率 /%	pH 值	黏度 /s	沉降速度 /(mm/min)	Zeta 电位 /mV	含水率 /%
1.10	73	7.16	12.67	3.20	−26.23	80.35

表 2.2　废弃泥浆化学成分

化学成分	SiO_2	Al_2O_3	Fe_2O_3	K_2O	MgO	CaO	Na_2O	TiO_2
含量/%	60.04	21.71	7.39	3.20	2.65	2.21	1.81	0.99

废弃泥浆主要分析指标：相对密度、黏度、粒度、胶体率、含砂率、含水率、pH 值、沉降速度及 COD 等。

该废弃泥浆颗粒粒径主要分布在 1～100μm，占比达 92.60%，而 0.1～1μm 和 100～1000μm 占比相对较小，如图 2.1 所示。泥浆颗粒粒径小于 15μm 的泥浆颗粒分散性好，在自然状态下，泥水分离较难，而该泥浆中粒径小于 15μm 的颗粒约占 54.08%，在自然状态下很难实现泥水分离。

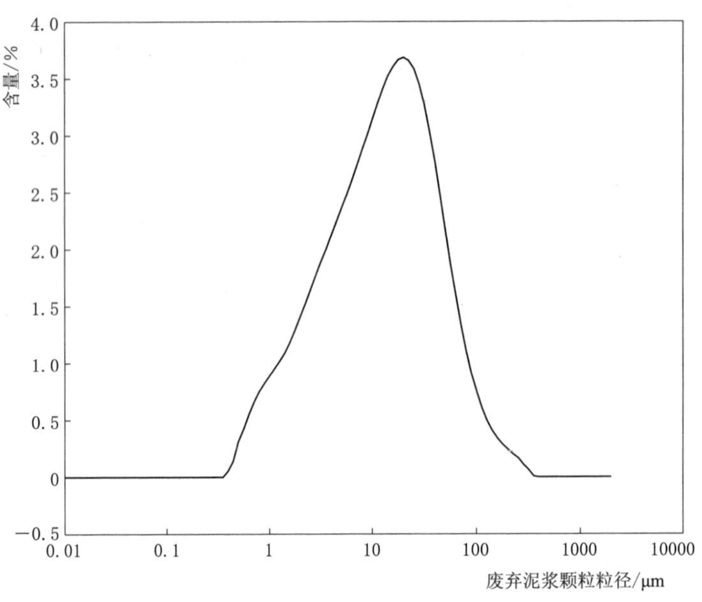

(a) 废弃泥浆颗粒粒径曲线

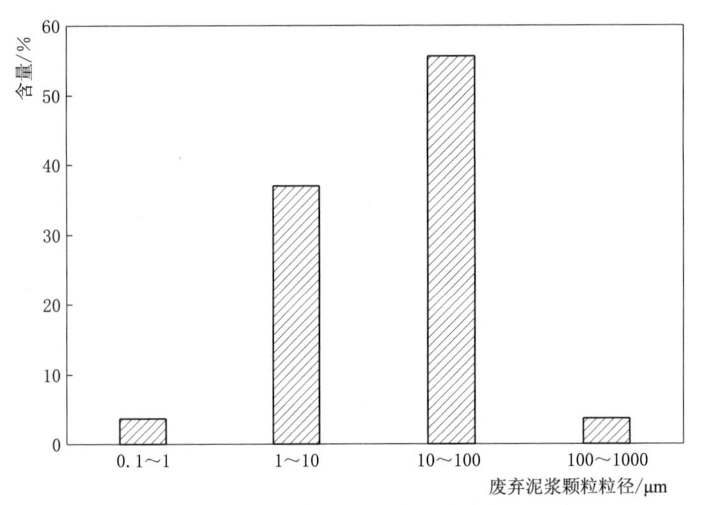

(b) 废弃泥浆颗粒粒径分布直方

图2.1 废弃泥浆颗粒粒径分布图

2.2 废弃泥浆理化指标检测方法

1. 相对密度测定

泥浆的密度是单位体积泥浆的质量，单位为 kg/m^3；另有相对密度的概念，即泥浆在4℃时与同体积水的比值，为无量纲数。随着泥浆密度的增大，其对孔壁的侧压力也相应增大，孔壁越趋于稳定，悬浮或携带出钻渣的能力也越强；但是，若泥浆密度过大，其失水量亦加大，孔壁上的泥皮增厚，这样既会增加泥浆原料的消耗，也会给清孔和灌注混凝土造成困难；此外，密度大的泥浆，其中的固体颗粒含量也高，会对钻具产生较大的磨损，降低钻进速度。

测定步骤：取一个烧杯，先称其质量为m_1，再装满蒸馏水称其质量为m_2，最后倒出清水，装满泥浆并擦去烧杯周围溢出的泥浆，称其质量为m_3。

相对密度的计算公式为

$$\gamma_x=\frac{m_3-m_1}{m_2-m_1}$$

2. 含水率测定

含水率对应含砂率，含砂率是泥浆内所含砂和泥浆的体积百分比，泥浆含砂率大时，会降低黏度，容易磨损泥浆泵和钻锥等钻具，停钻时易造成埋钻、卡钻事故。

测量步骤：称量样品放入已知重量m_1的器皿中，放入烘箱在100～105℃下烘8h，取出放入干燥器内冷却20min，称重。然后反复烘干，反复称重，直至两次的差值小于3mg，记录下此刻的重量m_2。

含水率的计算方法为

$$含水率=\frac{m_1-m_2}{m_1}\times100\%$$

3. 胶体率的测定

胶体率是泥浆中黏土颗粒分散水化程度的粗略指标，即将100mL泥浆注入100mL量筒中静置24h后量筒上部澄清液体积占总体积的百分比。胶体率高的泥浆，黏土颗粒不易沉淀，悬浮钻渣的能力高，否则反之。

测定步骤：将100mL的泥浆倒入100mL量筒中，用玻璃片盖上，静置24h后，量筒上部的污泥可能澄清为水，读出其体积V。

胶体率的计算公式为

$$胶体率=\frac{100-V}{100}\times100\%$$

4. 黏度的测定

黏度是液体运动时各分子或颗粒之间产生的内摩擦力。黏度大的泥浆，在孔壁形成的泥皮厚，能有效防止翻砂、阻隔渗漏，且悬浮或携带钻渣的能力强，但黏度过大，则易“糊钻”，影响泥浆泵的正常工作，增加泥浆净化的困难，进而影响钻进速度；黏度过小，钻渣不易悬浮，泥皮薄，对防止翻砂、阻隔渗漏不利。在现场施工时，测量黏度一般采用马氏黏度计，单位为秒（s）。

涂 4 -杯，是国内应用最广泛的一种黏度杯，按《涂料粘度测定法》（GB/T 1723—93）设计，适用于测量涂料及其他相关产品的条件黏度（流出时间不大于 150s）。在一定温度条件下，测量定量试样从规定直径的孔全部流出的时间，以 S 表示。

5. pH 值的测定

pH 值反映泥浆的酸碱度。如 pH 值过小，失水量会急剧上升；若 pH 值过大，孔壁表面易软化，黏土颗粒之间的凝聚力减弱，易造成裂解而使孔壁坍塌。

泥浆的 pH 值采用的是 pHS－3C（pH 计）测量。pH 计常用的指示电极有玻璃电极、锑电极、氟电极，银电极等，其中玻璃电极使用最广。pH 玻璃电极头部是由特殊的敏感薄膜制成，它对氢离子有敏感作用，当它插入被测溶液内，其电位随被测液中氢离子的浓度和温度而改变。在溶液温度为 25℃时，每变化 1 个 pH 值，电极电位就改变 59.16mV。常用的参比电极为甘汞电极，其电位不随被测液中氢离子浓度而改变。

常用的参比电极为甘汞电极，其电位不随被测液中氢离子浓度而改变。pH 值测量的实质就是测量两电极间的电位差。当一对电极在溶液中产生的电位差等于零时，被测溶液的 pH 值即为零电位 pH 值，它与玻璃电极内溶液有关。本仪器配用的是由玻璃电极和 Ag-AgCl 电极组成一体的复合电极，其零点位 pH 值为 7±0.25。

pH 值的测定：

（1）用蒸馏水冲洗电极，并用滤纸吸干。

（2）把电极和温度传感器浸入被测泥浆，将温度调节至被测泥浆的温度值。

（3）摇动烧杯或搅拌泥浆，待示值稳定后即可读取被测泥浆的 pH 值。

6. 粒度的测定

泥浆粒度是表征泥浆颗粒大小分布的直接指标，通过对各站点泥浆粒度的测定，可以得出泥浆在不同颗粒大小范围内的分布，为后续处理提供参考依据。

测定前要对泥浆进行预处理，取一定量的泥浆放入敞口玻璃器皿中，自然风干，然后过 200 目筛子，分类装袋，收藏备用。

测定方法：各取泥浆样品 10g，在激光粒度仪上（马尔文 2000 激光粒度仪）测其粒度范围。

7. 沉降速度的测定

测定方法：取一定量的泥浆样品，放入量筒中，一定时间（30min、1h）后记录泥浆下沉的高度。则泥浆下沉的高度与对应时间段的比值即为泥浆的沉降速度。

8. 上清液中 COD 的测定

试样中加入一定量重铬酸钾溶液，在强硫酸介质中，催化剂使用硫酸银，经高温消解后，采用分光光度法测定其 COD 的值。

在 600nm±20nm 波长处测定重铬酸钾被还原产生的三价铬吸光度，试样中的 COD 值与三价铬吸光度的增加值成正比关系，三价铬的吸光度可换算为试样 COD 值。

9. 上清液中硫酸盐的测定

先用过量的氯化钡溶液将溶液中的硫酸盐完全沉淀。过量的钡在 pH 值为 10 的氨缓冲溶液中以铬黑 T 作指示剂，添加一定量的钡、镁，用 EDTA（乙二胺四乙酸二钠）溶液进行滴定。从加入的钡、镁所消耗的 EDTA 溶液的量（由空白实验求得）减去沉淀硫酸盐后剩余钡、镁所消耗的 EDTA 溶液量，即可以得出消耗硫酸盐的钡、镁量，从而间接求出硫酸盐含量。

水样中原有的钙、镁离子也同时消耗 EDTA 溶液，在计算硫酸盐含量时，还需扣除由水样中原有的钙、镁离子所消耗的 EDTA 溶液的用量。具体步骤如下：

（1）取未处理上清液 15mL（处理后上清液 5mL）于 250mL 锥形瓶中，加蒸馏水稀释至 100mL，然后放入一小块刚果红试纸，滴加 1+1 盐酸溶液使得刚果红试纸由红色变为蓝色，加热煮沸 1～2min，用以除去二氧化碳。

（2）趁热加入 4mL 钡、镁混合溶液，并加热至沸腾。沉淀静置 6h 后进行滴定。

（3）加入 10mL 氨缓冲溶液，5 滴铬黑 T 指示剂，用 EDTA 标准溶液滴定至溶液由红色变为蓝色，即为滴定终点，记录 EDTA 标准溶液的用量 V_1。

（4）取同体积的上清液，测定其中的钙、镁离子，记录 EDTA 标准溶液的用量 V_2。

（5）取 100mL 蒸馏水，作全程序空白。

计算公式为

$$\text{硫酸盐}(SO_4^-,\text{mg/L})=[(V_2+V_3)-V_1]\times c\times 96.06\times 1000/V$$

式中 V_1——水样测定所消耗 EDTA 标准溶液的用量，mL；

V_2——滴定同体积水样中钙、镁所消耗 EDTA 标准溶液的用量，mL；

V_3——滴定空白所消耗 EDTA 标准溶液的用量，mL；

c——EDTA 标准溶液的浓度，mol/L；

96.06——硫酸根（SO_4^-）的摩尔质量，g/mol；

V——所取水样的体积，mL。

10. 上清液硬度的测定

在 pH 值为 10 的氨缓冲溶液中，用铬黑 T 作指示剂，用 EDTA 标准溶液络合滴定钙、镁离子合量，计算钙、镁离子所构成的总硬度。具体测定步骤如下：

(1) 用移液管吸取 50mL 的水样，移入 250mL 的锥形瓶中；同时吸取 50mL 蒸馏水移入另一个 250mL 的锥形瓶中（水样做 3 个平行样，空白做两个平行样）。

(2) 向锥形瓶中加入 4mL 氨缓冲溶液和 3 滴铬黑 T 指示剂，然后用 EDTA 标准溶液滴定至溶液由紫红色变为蓝色时，即为滴定终点，记下 EDTA 标准溶液的用量。

计算公式为

钙、镁总硬度 $(mgCaCO_3/L) = c \times V_1 \times 50.04 \times 1000 / V$

式中 c——EDTA 标准溶液的溶度，mol/L；

V_1——水样测定所消耗 EDTA 标准溶液的用量，mL；

V——实验中水样的体积，mL；

50.04——碳酸钙（$1/2CaCO_3$）的摩尔质量，g/mol。

11. 上清液中重金属的测定

重金属的测定采用的是火焰原子吸收光谱法。即将待测元素的样品溶液通过原子化系统喷成细雾，随载气进入火焰，并在火焰中解离成基态原子。当空心阴极灯辐射出待测元素的特征光通过火焰时，因被火焰中待测元素的基态原子吸收而减弱。在一定实验条件下，特征光强的变化与火焰中待测元素基态原子的浓度有定量的关系，故只要测得吸光度，就可以求出样品溶液中待测元素的溶度（采用的是火焰-原子吸收光谱仪 ZEEn it 700P）。

12. 上清液中总氮的测定

在 60℃以上的水溶液中，过硫酸钾按如下的反应式分解，生成氢离子和氧。

$$K_2S_2O_8 + H_2O \longrightarrow 2KHSO_4 + 1/2O_2$$

$$KHSO_4 \longrightarrow K^+ + HSO_4^-$$

$$HSO_4^- \longrightarrow H^+ + SO_4^{2-}$$

加入氢氧化钠用以中和氢离子，使过硫酸钾分解完全。

在 120～124℃的碱性介质条件下，用过硫酸钾做氧化剂，不仅可以将水样中的氨氮和亚硝酸盐氮氧化为硝酸盐，同时将水中大部分有机物氮化合物氧化为硝酸盐。而后，用紫外分光光度法分别于 220mm 与 275mm 处测定其吸光度，按 $A = A_{220} - A_{275}$ 计算硝酸盐氮的吸光度值，从而计算总氮的含量。具体步骤如下：

（1）取水样 10mL 于 25mL 比色皿管中（做三个平行样），另取蒸馏水 10mL 于另一个 25mL 的比色管中（做两个空白参比）。

（2）加入 5mL 碱性过硫酸钾溶液，塞紧磨口塞，用纱布及纱绳裹紧管塞，以防迸溅出来。

（3）将比色皿置于压力蒸汽消毒器中，加热半个小时，放气使压力指针回零。然后升温至 120～124℃开始计时，使比色皿在过热水蒸气中加热半小时。

（4）自然冷却，开阀放气，移去外盖，取出比色皿冷却至室温。

（5）加入 1+9 盐酸溶液 1mL，用无氨水稀释至 25mL。

（6）在紫外分光光度计上，以无氨水做参比，用 10mm 石英比色皿分别在 220nm 与 275nm 测吸光度。计算出两者的差值，在标准工作曲线上读出相应的总氮的溶度。

13. 上清液总磷（TP）的测定

在酸性条件下，正磷酸盐与钼酸铵、酒石酸锑氧钾反应，生成磷钼杂多酸，被还原剂抗坏血酸还原，则生成蓝色络合物（通常被称为磷钼蓝）。具体实验步骤如下：

（1）取经过 0.45μm 微孔滤膜过滤的水样 25mL 于 50mL 比色管中（做三个平行样），另取 25mL 蒸馏水于另一个 50mL 比色管中（做两个空白参比）。

（2）加入 4mL 过硫酸钾溶液，塞紧磨口塞，用纱布及纱绳裹紧管塞，以防迸溅出来。

（3）将比色管置于高压蒸汽锅中加热，待温度到达 120℃后，保持该温度 30min，停止加热。

（4）将高压锅压力降为 0 时，取出比色管，自然冷却。

（5）加水稀释至 50mL，加入 1mL10%抗坏血酸溶液，混匀。30s 后加入 2mL 钼酸盐溶液充分摇匀，放置 15min。

（6）在紫外分光光度计上，以蒸馏水做参比，用 10mm 石英比色皿在 700nm 处测量吸光度。在标准曲线上读出相应的总磷的含量。

14. 上清液中 SS 的测定

（1）滤膜准备。用无齿镊子夹取微孔滤膜放于事先恒重的称量瓶，移入烘箱中于 103～105℃烘干 0.5h 后取出置干燥器内冷却至室温，称重。反复烘干、冷却、称量。将恒重的微孔滤膜正确地放在滤膜过滤器的滤膜托盘上，加盖配套的漏斗，并用夹子固定好。以蒸馏水湿润滤膜，并不断吸滤。

（2）测定。量取充分混合均匀的试样 100mL 抽吸过滤。使水分全部通过滤膜。再以每次 10mL 蒸馏水连续洗涤三次，继续吸滤以除去痕量水分。停止吸滤后，仔细取出载有悬浮物的滤膜放在原恒重的称量瓶里，移入烘箱中于 103～105℃下烘干 1h 后移入干燥器中，使冷却至室温，称其重量。反复烘干、冷却、称量，直至两次称量的重量差不大于 0.4mg 为止。

悬浮物含量按下式计算为

$$C(\mathrm{mg/L})=\frac{(A-B)\times1000\times1000}{V}$$

式中 C——水中悬浮物浓度，mg/L；

A——悬浮物＋滤膜＋称量瓶重量，g；

B——滤膜＋称量瓶重量，g；

V——试样体积，mL。

15. 泥浆上清液中 Cl^- 的测定

在中性或弱碱性溶液中，以铬酸钾为指示剂，用硝酸银滴定氯化物时，由于氯化物的溶解度小于铬酸银的溶解度，氯离子首先被完全沉淀出来后，然后铬酸盐以铬酸银的形式被沉淀出来，产生砖红色物质，指示氯离子滴定终点到达。在该过程中发生的反应为

$$Ag^+ + Cl^- \longrightarrow AgCl\downarrow$$

$$2Ag^+ + CrO_4^{2-} \longrightarrow Ag_2CrO_4\downarrow（砖红色）$$

铬酸根离子的浓度与沉淀形成的快慢有关，故必须加入足量的指示剂。由于有稍过量硝酸银与铬酸钾形成铬酸银沉淀的终点较难判断，所以需要蒸馏水做空白，用以对照判断（使终点颜色一致）。具体测量步骤如下：

（1）样品的预处理，对于未处理的上清液，无需进行预处理。对于处理后的上清液，有机物含量高，采用马弗炉灰化法预先处理水样。即取处理后水样 100mL 于瓷蒸发皿中，调节 pH 值至 8～9，置于水浴上蒸干，之后放入马弗炉中在 600℃下灼烧 1h，取出冷却后，加入 10mL 蒸馏水，移至 250mL 锥形瓶中，并用蒸馏水清洗三次，一并移入锥形瓶中，调节 pH 值至 7 左右，稀释至 100mL，过滤后，备用。

（2）取水样 5mL 于 250mL 的锥形瓶中，加水稀释至 50mL，摇匀。另取一锥形瓶加入 50mL 的蒸馏水做空白。其中样品做三个平行样，空白做两个平行样。

（3）用 pH 广泛试纸测定水样的 pH 值（6～10 时直接测定，超出此范围则用酚酞作指示剂，用稀硫酸或氢氧化钠的溶液调节至红色刚刚退去）。

（4）于锥形瓶中加入 1mL 铬酸钾溶液，用硝酸银标准溶液滴定至砖红色沉淀刚刚出现即为终点。同法做空白滴定。

计算公式为

$$氯化物(Cl^-,\mathrm{mg/L})=(V_2-V_1)M\times35.45\times1000/V$$

式中 V_1——水样测定所消耗 EDTA 标准溶液的用量，mL；

V_2——滴定同体积水样中钙、镁所消耗 EDTA 标准溶液的用量，mL；

M——硝酸银标准溶液浓度，mol/L；

V——水样体积，mL；

35.45——氯离子摩尔质量，g/mol。

2.3 废弃泥浆絮凝影响因素

废弃泥浆含水率较高，不利于泥浆运输和处理，因此需要将废弃泥浆絮凝脱水后进行运输和处理。絮凝作为一种常见的泥浆处理方法，可通过絮凝处理实现泥浆泥水分离效果，达到减量化目的。

由于絮凝效果的产生是以某一种絮凝机理为主导，并在不同的絮凝机理共同作用下所产生的。为探究各絮凝剂在处理废弃泥浆过程中以哪种机理为主导，选取常用絮凝剂处理废弃泥浆，对比分析其不同的作用机理。絮凝剂可分为无机和有机絮凝剂，无机絮凝剂按照成分可分为铝盐和铁盐，其中常用的主要有 PAC 和 SPFS，其作用机理主要是水解产物对水中的颗粒进行电中和、吸附架桥；有机高分子絮凝剂中常用的是 PAM，PAM 按照所带电荷不同可分为 CPAM、NPAM 和 APAM，其中 CPAM 和 APAM 水溶液分别携带正电荷、负电荷，分别适用于处理带负电荷、正电荷的污水或污泥，而 NPAM 对带正、负电荷的污水或污泥都有较好地处理效果。五种絮凝剂的作用机理存在较大差异性，因此本章选用 PAC、SPFS、CPAM、NPAM 和 APAM，五种不同类型的絮凝剂调理废弃泥浆絮凝脱水，通过检测絮凝后上清液 Zeta 电位、泥饼含水率、上清液浊度和泥浆颗粒粒径分布，分析不同絮凝剂在絮凝过程中的作用机理，并优选出最佳絮凝剂及其投加量，为后续的废弃泥浆絮凝脱水研究提供理论依据。

2.3.1 废弃泥浆絮凝实验设计

取 100mL 废弃泥浆放入烧杯中，置于搅拌器，分别加入 PAC、SPFS、CPAM、NPAM 和 APAM，快速搅拌（150r/min）至刚好产生絮凝现象，缓慢搅拌（60r/min）至絮凝状态不再发生明显变化，絮凝反应结束后，检测泥浆颗粒粒径分布、滤饼含水率、上清液 Zeta 电位和上清液浊度，分析不同药剂对废弃泥浆絮凝脱水性能的影响。所用药剂浓度及投加量见表 2.3。

表 2.3 废弃泥浆絮凝实验设计

序号	1	2	3	4	5
絮凝剂	PAC/mL	SPFS/mL	CPAM/mL	NPAM/mL	APAM/mL
质量浓度	3%	3%	2‰	2‰	2‰

续表

序号	1	2	3	4	5
投加量	10	10	140	70	30
	15	15	150	75	35
	20	20	160	80	40
	25	25	170	85	45
	30	30	180	90	50

2.3.2 PAC对废弃泥浆脱水性能的影响

如图2.2所示，随着PAC投加量的增加，泥浆并未形成明显的絮体，絮凝效果不佳，泥水分离效果较差，不能达到泥水快速分离的效果。

图2.2 PAC对废弃泥浆絮凝效果

为探究PAC在调理废弃泥浆絮凝时的作用机理，分析了调理后的泥浆颗粒粒径分布和上清液Zeta电位。如图2.3(a)所示，PAC调理后的粒径分布与原泥无较大变化，对泥浆颗粒粒径分布并未产生较大影响。泥浆上清液Zeta电位变化情况如图2.3(b)所示，随着PAC投加量增加，上清液Zeta电位呈上升趋势，当PAC投加量为10mL时，上清液Zeta电位由−20.36mV(原泥)升至0.59mV，Zeta电位由负值转为正值，且已较为接近电中和状态，但结合絮凝效果和粒径分布变化，可发现在该投加量情况下，泥浆仍未产生絮凝效果，由此表明PAC对该泥浆电中和作用明显，但吸附架桥作用较弱，不适合处理该废弃泥浆。

主要是因为PAC在处理高浊度及粒径较大泥浆时，由于其分子链较短，在泥浆表面吸附后，其余部分伸向溶液的范围及有效长度较短，与泥浆颗粒碰撞吸附概率较低，吸附架桥能力弱，因此无法形成较大的絮体，导致絮凝效果较差。

2.3.3 SPFS对废弃泥浆脱水性能的影响

如图2.4所示，SPFS调理废弃泥浆絮凝脱水情况与PAC较为相似，随着SPFS投加量增加，泥浆并未产生明显絮体，絮凝效果较差。

为探究SPFS在调理废弃泥浆絮凝时的作用机理，分析了调理后的泥浆颗粒粒径分布和上清液Zeta电位，如图2.5(a)所示，SPFS调理后的粒径分布与原泥有较大变化，SPFS调理后的泥浆颗粒10～1000μm范围内的粒径占

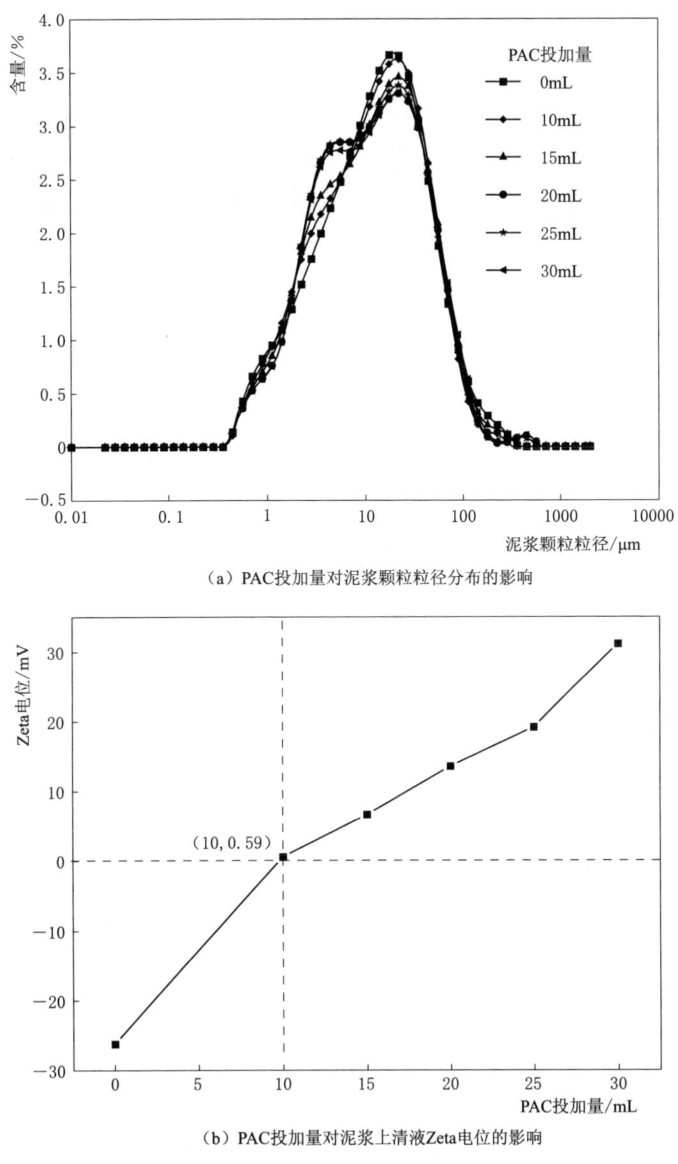

(a) PAC投加量对泥浆颗粒粒径分布的影响

(b) PAC投加量对泥浆上清液Zeta电位的影响

图 2.3 PAC 投加量对泥浆颗粒粒径分布和泥浆上清液 Zeta 电位的影响

比降低，但 1～10μm 范围内的粒径占比反而升高，这可能与 SPFS 与泥浆颗粒发生化学反应有关。泥浆上清液 Zeta 电位变化情况如图 2.5（b）所示，随着 SPFS 投加量增加，上清液 Zeta 电位呈上升趋势，当 SPFS 投加量达到 30mL 时，Zeta 电位为－1.49mV，仍未达到电中和状态，表明 SPFS 与 PAC 调理相比，SPFS 对该废弃泥浆的电中和作用较弱，且吸附架桥作用较弱，不适合处理该废弃泥浆。

图 2.4 SPFS 对废弃泥浆絮凝效果

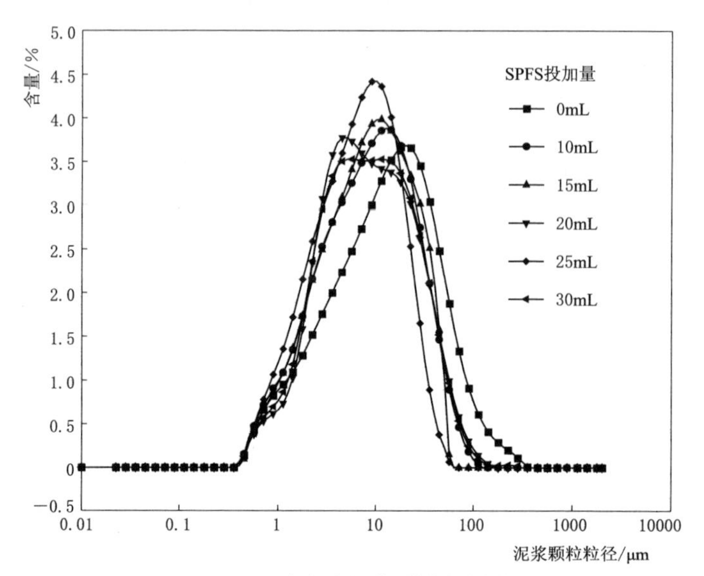

(a) SPFS投加量对泥浆颗粒粒径分布的影响

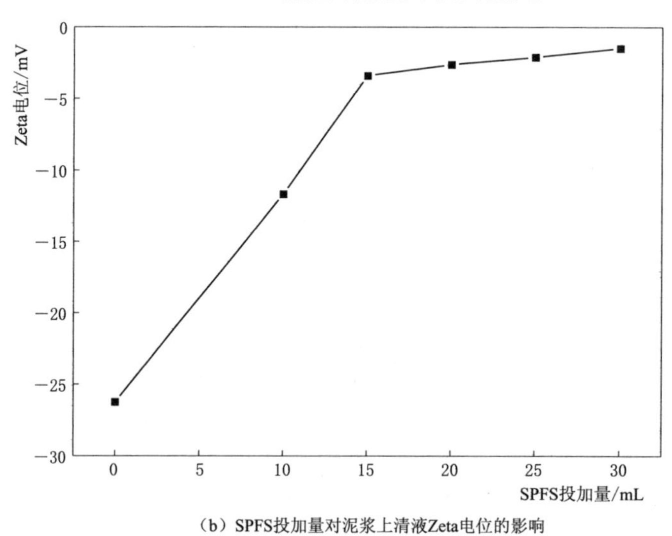

(b) SPFS投加量对泥浆上清液Zeta电位的影响

图 2.5 SPFS 投加量对泥浆颗粒粒径分布和泥浆上清液 Zeta 电位的影响

2.3.4 CPAM 对废弃泥浆脱水性能的影响

如图 2.6 所示，随着 CPAM（阳离子聚丙烯酰胺）投加量的增加，刚开始未产生絮凝现象，当 CPAM 投加量增加到 140mL 时，泥浆开始有明显的絮体产生，泥水分离良好，但絮体较小，上清液也较为浑浊。当 CPAM 投加量为 160mL 时，絮体明显变大，泥水分离良好，且上清液较为透明，但当投加量为 180mL 时，絮体大小和上清液变化较投加量为 160mL 时并不明显。为探究 CPAM 在调理废弃泥浆絮凝时的作用机理，分析了调理后的泥浆颗粒粒径分布、滤饼含水率、上清液 Zeta 电位和上清液浊度。

图 2.6 CPAM 对废弃泥浆絮凝效果

1. CPAM 对粒径分布的影响

如图 2.7 所示，随着 CPAM 投加量逐渐增加，当 CPAM 投加量为 140mL 时，有较明显的絮体产生，絮凝后的泥浆颗粒粒径分布曲线明显向右移动，泥浆颗粒粒径显著大于原泥。表明 CPAM 可将废弃泥浆中的细小颗粒吸附在一起，增加泥浆颗粒粒径，但当 CPAM 投加量继续增加时，泥浆颗粒粒径分布

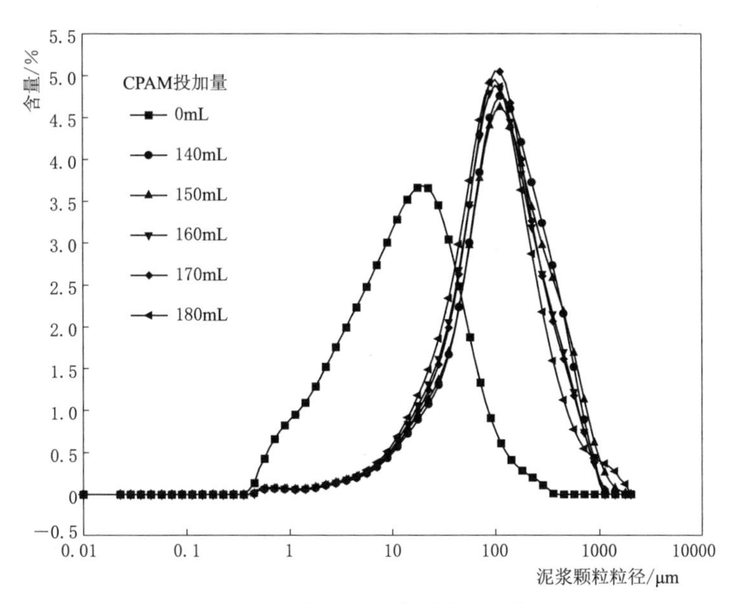

图 2.7 CPAM 投加量对泥浆颗粒粒径分布的影响

并未发生明显变化。综合考虑絮凝效果和药剂投加成本，在使用 CPAM 调理废弃泥浆絮凝时，投加量控制在 140mL 左右时较为合适。

2. CPAM 对滤饼含水率的影响

如图 2.8 所示，滤饼含水率整体呈先上升再降低趋势，当 CPAM 投加量为 140mL 时，滤饼含水率为 63.21%，当 CAPM 投加量由 140mL 增至 160mL 时，滤饼含水率为 65.30%，增幅仅 2.09%，滤饼含水率呈上升趋势，当投加量继续增加到 180mL 时，滤饼含水率反而降低为 62.97%，降幅仅 2.33%。CPAM 的长链结构具有网捕卷扫作用，促使泥浆颗粒絮凝脱稳，促进泥水分离，但 CPAM 投加过量会导致絮体内部包裹大量自由水，影响絮体脱水。滤饼含水率整体变化幅度为 2.33%，整体变化幅度不大，表明 CPAM 过量对滤饼含水率的影响不大。

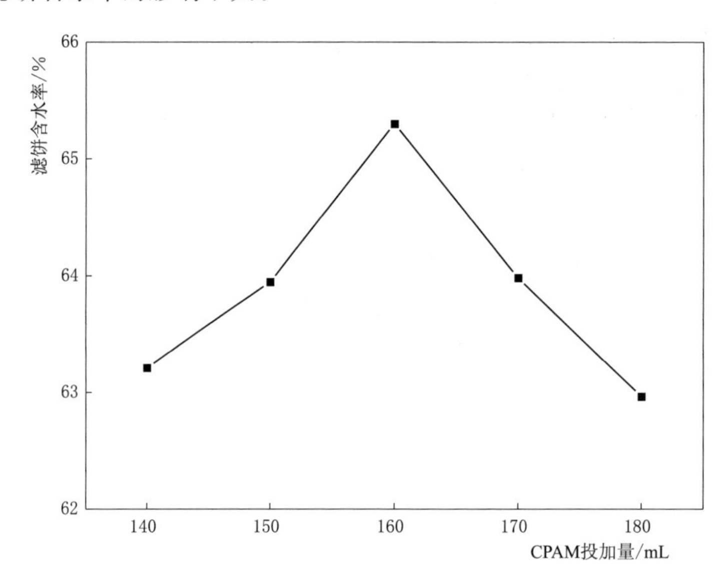

图 2.8 CPAM 投加量对滤饼含水率的影响

3. CPAM 对上清液 Zeta 电位的影响

如图 2.9 所示，上清液 Zeta 电位整体呈上升趋势，当 CPAM 投加量为 140mL 时，上清液 Zeta 电位由－20.36mV（原泥）升至－12.90mV，上清液 Zeta 电位升高，随着 CPAM 投加量由 140mL 增加至 170mL 时，Zeta 电位继续升高，上清液电位为－7.98mV，但当 CPAM 投加量为 180mL 时，上清液电位为－7.91mV，增幅仅 0.07mV，上清液电位变化已趋于平缓，表明 CPAM 投加量再继续增加已对上清液 Zeta 电位变化影响不大。这主要是由于 CPAM 水溶液带正电荷，与泥浆发生絮凝作用时，与带负电荷的泥浆颗粒发生电中和，导致溶液 Zeta 电位升高，但 CPAM 与泥浆颗粒吸附后，会影响

CPAM 形成伸向溶液的疏松链环和自由链端，不利于发挥其吸附架桥作用，从而导致 CPAM 投加量较高时才可产生絮凝效果。

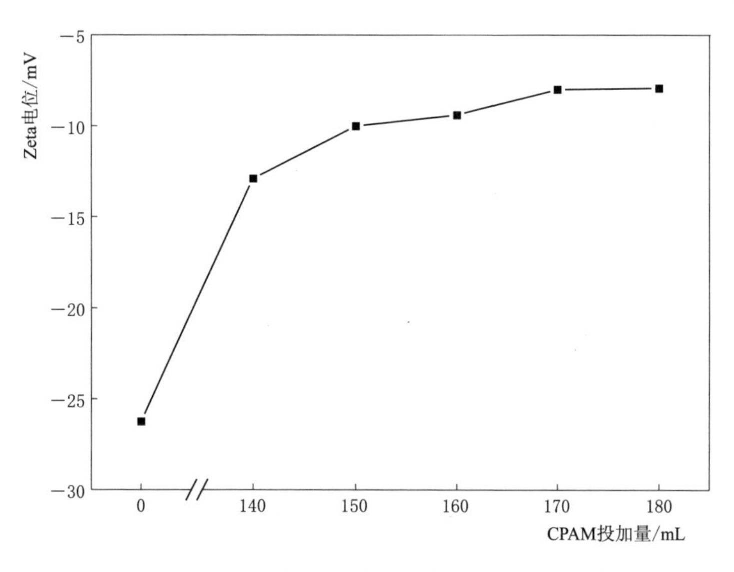

图 2.9　CPAM 投加量对上清液 Zeta 电位的影响

4. CPAM 对上清液浊度的影响

如图 2.10 所示，上清液浊度整体呈下降趋势，当 CPAM 投加量为 140mL 时，上清液浊度为 140.60NTU，当 CPAM 投加量为 170mL 时，上清液浊度为 68.67NTU，随着 CPAM 投加量逐渐增加到 180mL 时，浊度达到最低值 60.97NTU。CPAM 的长链结构可发挥网捕卷扫作用，吸附泥浆中的细小颗粒，泥水分离效果较好，可以有效降低上清液浊度。

2.3.5　NPAM 对废弃泥浆脱水性能的影响

如图 2.11 所示，NPAM（非离子聚丙烯酰胺）絮凝效果较 CPAM 良好，NAPM 絮凝泥浆脱水相较于 CPAM 投加量较小，产生同等絮凝效果，NPAM 投加量仅为 CPAM 投加量一半。当 NPAM 投加量为 70mL 时，泥浆就开始产生絮凝效果，但絮体较小，上清液较为浑浊。当 NPAM 投加量为 75mL 时，絮体明显变大，泥水分离效果良好，上清液明显变清。但继续增加投加量后，絮体大小和上清液变化并不明显。为探究 NPAM 在调理废弃泥浆絮凝时的作用机理，分析了调理后的泥浆颗粒粒径分布、滤饼含水率、上清液 Zeta 电位和上清液浊度。

1. NPAM 对粒径分布的影响

如图 2.12 所示，NPAM 絮凝与 CPAM 絮凝变化趋势一致，随着 NPAM 投加量逐渐增加，当 NPAM 投加量为 70mL 时，有较明显的絮体产生，泥水

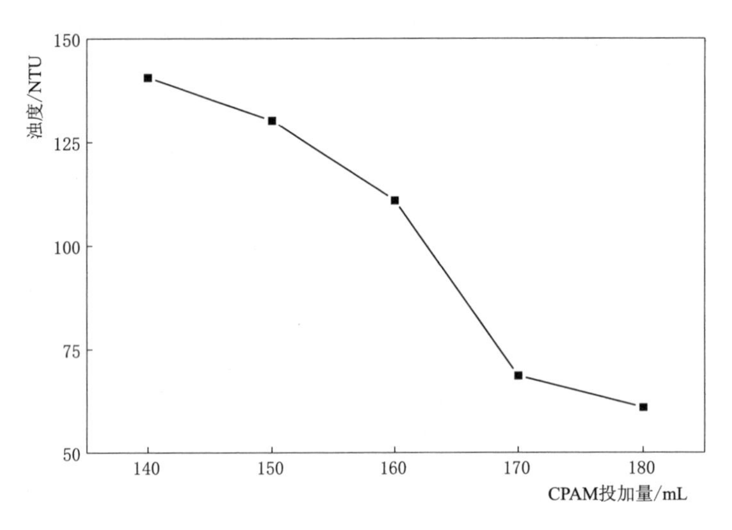

图 2.10 CPAM 投加量对上清液浊度的影响

图 2.11 NPAM 对废弃泥浆絮凝效果

分离效果较好，絮凝后的泥浆颗粒粒径分布曲线明显向右移动，泥浆颗粒粒径显著大于原泥，而对应的泥浆絮凝效果良好，泥水分离效果明显。但当 NPAM 投加量继续增加时，泥浆颗粒粒径分布并未发生明显变化。综合考虑絮凝效果和药剂投加成本，在使用 NPAM 调理废弃泥浆絮凝时，投加量控制在 70mL 左右时较为合适。

2. NPAM 对滤饼含水率的影响

如图 2.13 所示，滤饼含水率整体呈上升趋势，当 NPAM 投加量为 70mL 时，滤饼含水率为 60.88%，当 NAPM 投加量由 70mL 增至 90mL 时，滤饼含水率为 63.09%，增幅为 2.21%，滤饼含水率有上升趋势，NPAM 投加量过高会导致絮体内部包裹大量自由水，影响絮体脱水，但整体变化幅度不大，表明 NPAM 投加过量对滤饼含水率的降低，并没有较大作用。

3. NPAM 对上清液 Zeta 电位的影响

如图 2.14 所示，随着 NPAM 投加量的增加，上清液 Zeta 电位整体呈上

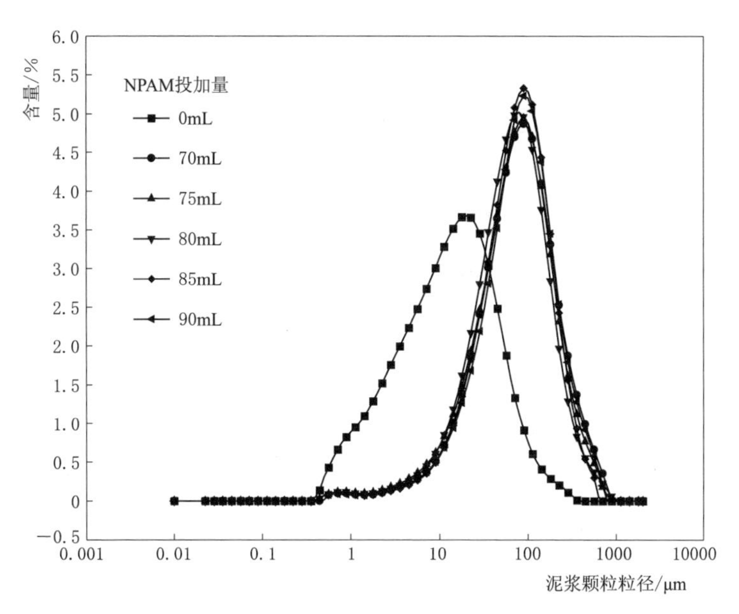

图 2.12 NPAM 投加量对泥浆颗粒粒径分布的影响

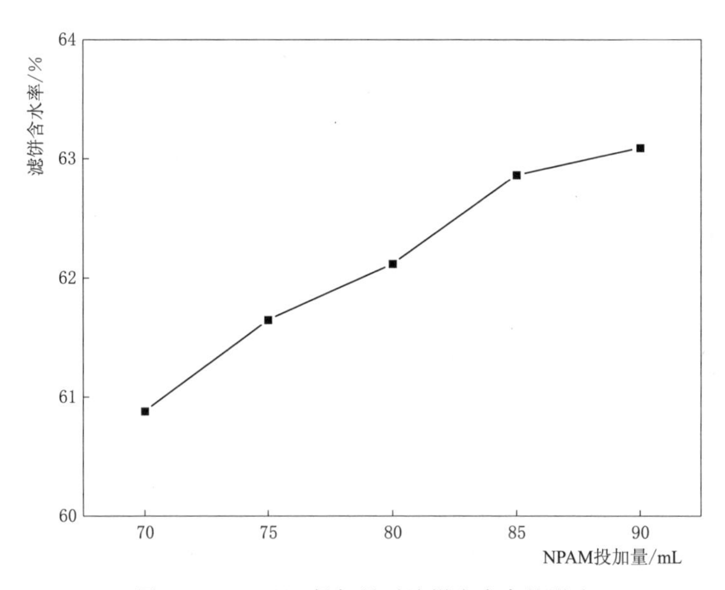

图 2.13 NPAM 投加量对滤饼含水率的影响

升趋势，当 NPAM 投加量为 70mL 时，上清液 Zeta 电位由－20.36mV（原泥）升至－3.14mV，上清液 Zeta 电位升高，且已较为接近电中和状态，但随着 NPAM 投加量由 70mL 增加至 90mL 时，上清液电位变为－5.96mV，Zeta 电位呈下降趋势。表明 NPAM 在絮凝处理该废弃泥浆泥水分离时，具有一定的电中和作用，且 NPAM 降低 Zeta 电位的能力优于 CPAM。

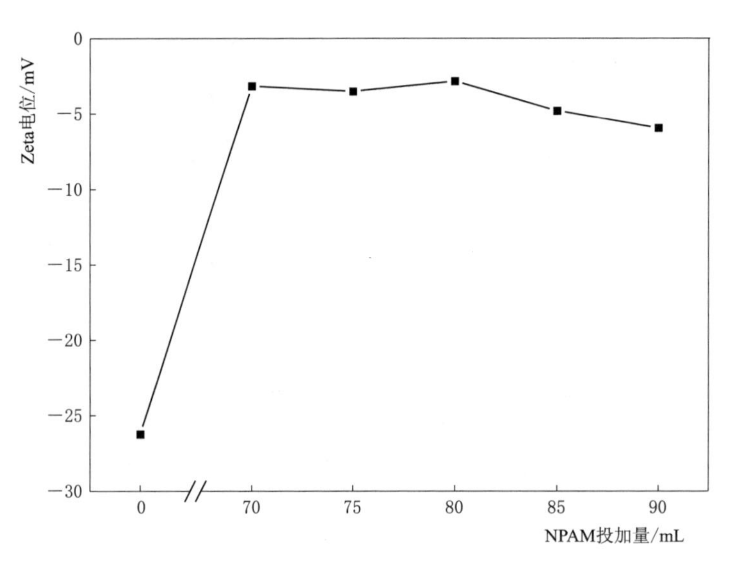

图 2.14　NPAM 投加量对上清液 Zeta 电位的影响

4. NPAM 对上清液浊度的影响

如图 2.15 所示，随着 NPAM 投加量的增加，上清液浊度整体呈下降趋势，当 NPAM 投加量为 70mL 时，上清液浊度为 182.33NTU，但当 NPAM 投加量为 75mL 时，上清液浊度反而上升，达到最大值 209.33NTU，但随着 NPAM 投加量逐渐增加到 90mL 时，浊度达到最低值 99.03NTU。

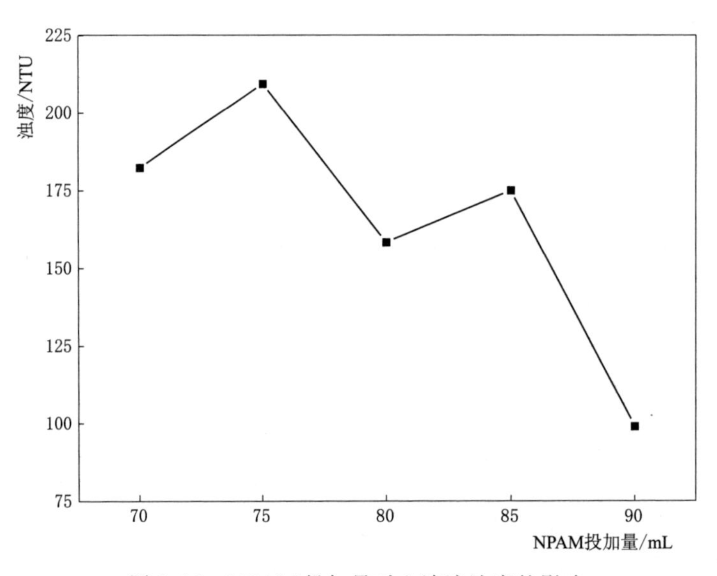

图 2.15　NPAM 投加量对上清液浊度的影响

2.3.6 APAM对废弃泥浆脱水性能的影响

如图2.16所示，APAM（阴离子聚丙烯酰胺）絮凝效果较CPAM和NPAM良好，APAM絮凝泥浆脱水相较于CPAM和NPAM投加量较小，产生同等絮凝效果，APAM投加量仅需要30mL。但继续增加投加量后，絮体大小和上清液变化并不明显。为探究APAM在调理废弃泥浆絮凝时的作用机理，分析了调理后的泥浆颗粒粒径分布、滤饼含水率、上清液Zeta电位和上清液浊度。

图2.16 APAM对废弃泥浆絮凝效果

1. APAM对粒径分布的影响

如图2.17所示，APAM絮凝与CPAM和NPAM絮凝变化趋势一致，随着APAM投加量逐渐增加，当APAM投加量为30mL时，有较明显的絮体产生，泥水分离效果较好，絮凝后的泥浆颗粒粒径分布曲线明显向右移动，泥浆颗粒粒径显著大于原泥，而对应的泥浆絮凝效果良好，泥水分离效果明显。但当APAM投加量继续增加时，泥浆颗粒粒径分布并未发生明显变化。综合考虑絮凝效果和药剂投加成本，在使用APAM调理废弃泥浆絮凝时，投加量控制在30mL左右时较为合适。

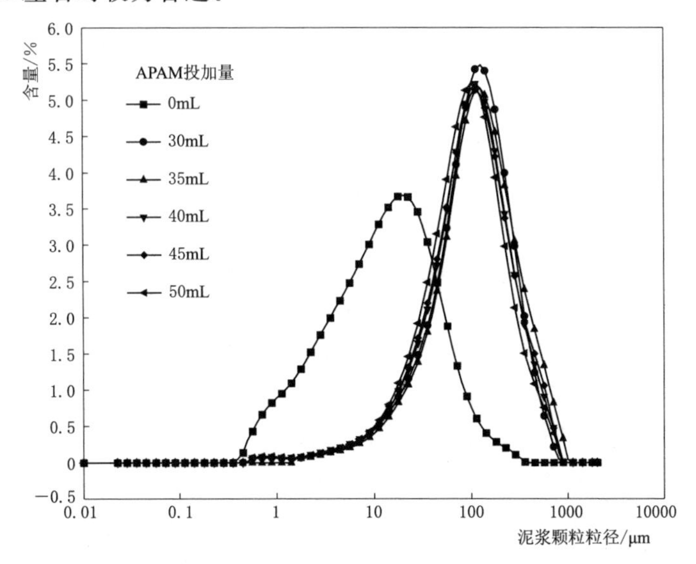

图2.17 APAM投加量对泥浆颗粒粒径分布的影响

2. APAM 对滤饼含水率的影响

如图 2.18 所示，随着 APAM 投加量的增加，滤饼含水率整体呈先下降后上升趋势，当 APAM 投加量为 30mL 时，滤饼含水率为 63.14%，当 APAM 投加量由 30mL 增至 40mL 时，滤饼含水率达到最低值 61.68%，降幅为 1.46%，APAM 的长链结构具有网捕卷扫作用，促使泥浆颗粒絮凝脱稳，达到泥水分离效果，但随着 APAM 投加量的继续增加，导致絮体内部包裹大量自由水，滤饼含水率逐渐增高，但整体变化幅度不大，表明 APAM 投加量过多对滤饼含水率的影响不大。

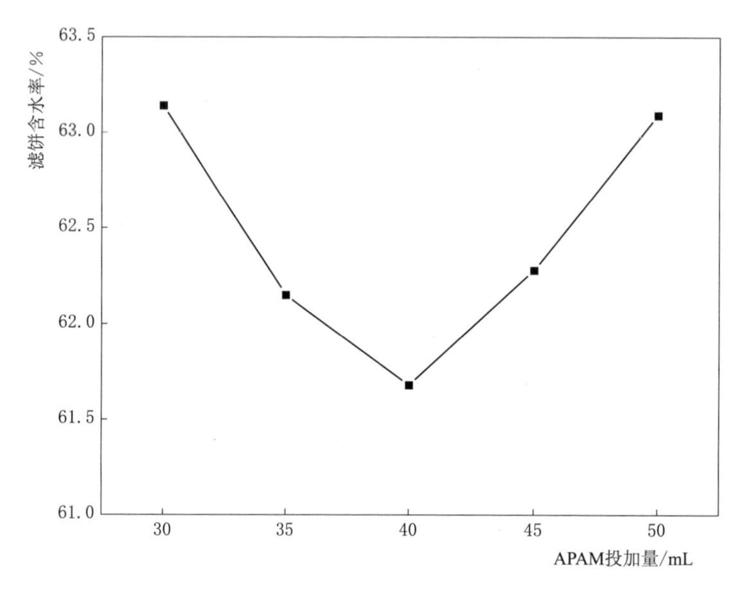

图 2.18 APAM 投加量对滤饼含水率的影响

3. APAM 对上清液 Zeta 电位的影响

如图 2.19 所示，随着 APAM 投加量的增加，上清液 Zeta 电位整体呈上升趋势，当 APAM 投加量为 35mL 时，上清液 Zeta 电位由 −20.36mV（原泥）升至 −12.56mV，上清液 Zeta 电位升高，但随着 APAM 投加量由 35mL 增加至 40mL 时，上清液 Zeta 电位变为 −18.38mV，Zeta 电位呈下降趋势，这主要是由于 APAM 水溶液本身携带负电荷，投加量过高会导致 Zeta 电位下降，但随着 APAM 投加量增加到 50mL 时，上清液 Zeta 电位变为 −16.75mV，变化趋势已趋于平缓。从 Zeta 电位变化趋势对比分析，APAM 与 CPAM 和 NPAM 相比，其电中和作用较弱。

4. APAM 对上清液浊度的影响

如图 2.20 所示，随着 APAM 投加量的增加，上清液浊度整体呈下降趋势，当 APAM 投加量为 30mL 时，上清液浊度为 909.33NTU，较 CPAM 和

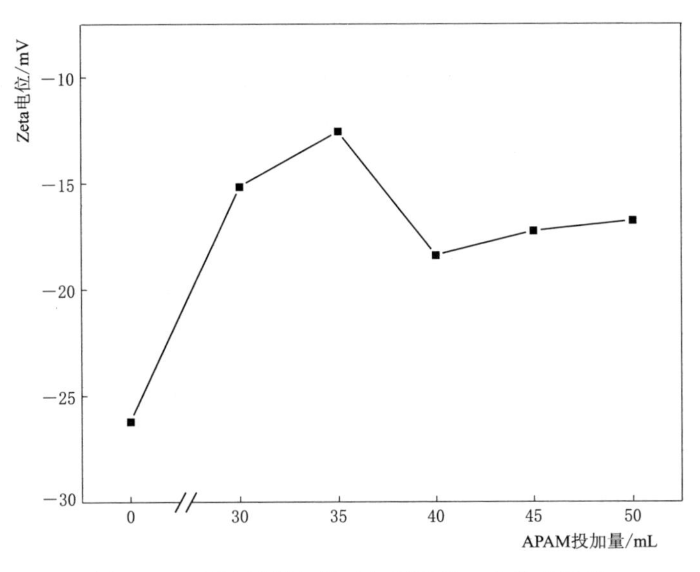

图 2.19 APAM 投加量对上清液 Zeta 电位的影响

NPAM 相比，虽然在产生初始絮凝效果时投加量较低，但上清液浊度较高。当 APAM 投加量为 35mL 时，上清液浊度降低为 207NTU，降幅达到 702.33NTU，浊度降低明显随着 APAM 投加量逐渐增加到 40mL 时，浊度达到最低值 100.63NTU，降幅达到 106.37NTU，但当 APAM 投加量达到 50mL 时，浊度为 67.20NTU，降幅仅为 33.43NTU，趋势已趋于平缓。这主要是由于随着 APAM 投加量增加，APAM 吸附架桥作用更强，阴离子聚丙烯酰胺的分子长链将泥浆中的大量微小颗粒吸附聚集，提高了泥浆的沉降性能，絮凝效果更好，从而导致浊度降低。

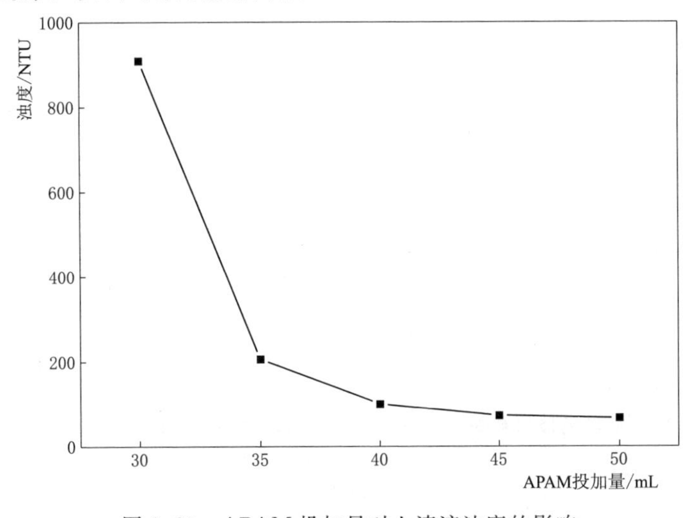

图 2.20 APAM 投加量对上清液浊度的影响

2.3.7 废弃泥浆含水率对絮凝效果的影响

不同含水率的泥浆在产生初始絮凝效果时，所需的 APAM 用量是不一样的，为深入分析泥浆含水率与 APAM 絮凝之间的关系，试验研究中将泥浆稀释后，配置成不同含水率的泥浆，探究含水率对 APAM 絮凝效果影响的作用机理。

泥浆含水率对絮凝效果的影响结果见图 2.21 和表 2.4。随着泥浆稀释倍数的增加，泥浆含水率整体呈上升趋势，然后逐渐趋于平稳，两者呈显著正相关（R=0.809），而泥浆含水率与初始絮凝效果时的 APAM 投加量和上清液浊度呈显著负相关（R＝－0.999 及 R＝－0.893），随着含水率的增加，APAM 投加量和上清液浊度的变化整体呈下降趋势，絮凝效果整体较好，且两者的变化趋势较为一致。

当稀释倍数增至 1 倍时，泥浆含水率由 80.35%（原泥）增至 90.18%，增幅达 9.83%，而 APAM 投加量呈下降趋势，由 30mL 降至 20mL，降幅达 10mL，将泥浆进行稀释后明显降低了产生初始絮凝效果时的 APAM 投加量，上清液浊度由 909.33NTU 降至 96.17NTU，降幅达 813.16NTU，絮凝效果良好。

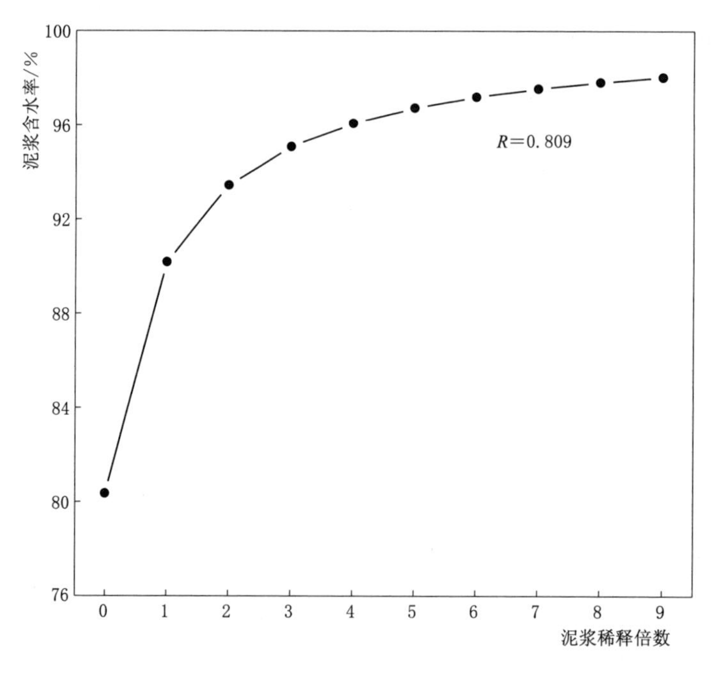

图 2.21 泥浆稀释倍数对泥浆含水率、APAM 投加量和上清液浊度的影响

当稀释倍数由 1 倍增至 5 倍时，含水率由 90.18%增至 96.73%，增幅达

6.55%，而 APAM 投加量由 20mL 降至 13.5mL，降幅达 6.5mL，浊度为 114.33NTU；但当稀释倍数由 5 倍增至 9 倍时，含水率增至 98.04%，APAM 投加量由 13.5mL 降至 12.2mL，降幅仅为 1.3mL，浊度降至 88.67NTU，趋于稳定。由此表明，将泥浆含水率的升高，可明显降低产生初始絮凝效果时的 APAM 药剂投加量，且絮凝效果依然良好。考虑到将泥浆稀释会增加用水量，可将絮凝后的上清液回用于稀释泥浆，以降低用水量，上清液中残留的部分 APAM，也会进一步降低 APAM 用量。

表 2.4　　稀释倍数和泥浆含水率与 APAM 投加量和上清液浊度的 Pearson 相关系数

指　标	泥浆稀释倍数	泥浆含水率	APMA 投加量	上清液浊度
泥浆稀释倍数	1	0.809**	−0.806	−0.520
泥浆含水率		1	−0.999**	−0.893
APMA 投入量			1	0.894**
上清液浊度				1

** 在 0.01 级别（双尾），相关性显著。

将废弃泥浆稀释后，泥浆含水率升高，随着泥浆含水率的升高，产生初始絮凝效果时的 APAM 投加量和上清液浊度随之降低，在这里对其机理做如下推测。

1. APAM 高分子链遇水伸展

由于将泥浆加水稀释后，泥浆的含水率提高，当 APAM 投加入废弃泥浆中后，APAM 的高分子链遇水后伸展程度变大，在一定的范围内，APAM 高分子链条的伸展程度与泥浆含水率成正比，泥浆含水率越高，则高分子链伸展程度越高，与泥浆颗粒的接触范围越大，导致其吸附泥浆颗粒的能力增强，因此，当泥浆含水率提高一定程度后，产生初始絮凝效果时的 APAM 投加量和上清液浊度都发生了不同程度的降低。APAM 高分子链在泥浆中伸展如图 2.22 所示。

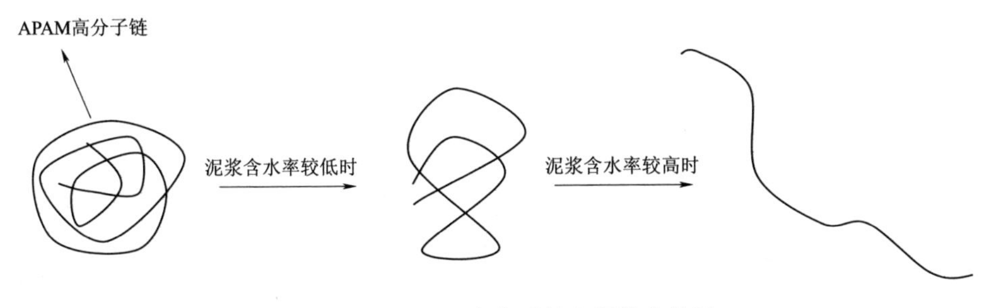

图 2.22　APAM 高分子链在泥浆中伸展

2. 泥浆颗粒分散

将泥浆稀释后，泥浆含水率升高，泥浆颗粒分散在水中，泥浆颗粒间距变大，泥浆颗粒之间的联结力也随之降低，并且泥浆颗粒与 APAM 高分子链的接触范围也随之变大。因此，导致了产生初始絮凝效果时的 APAM 投加量和上清液浊度都发生了不同程度的降低。

第3章 废弃泥渣制备发泡混凝土技术

发泡混凝土通常是用机械方法将泡沫剂水溶液制备成泡沫，再将泡沫加入到含硅质材料、钙质材料、水及各种外加剂等组成的料浆中，经混合搅拌、浇筑成型、养护而成的一种多孔材料。由于发泡混凝土中含有大量封闭的孔隙，使其具有轻质、保温、隔音、耐火等良好的性能，广泛应用于各种墙体材料中。由于废弃泥浆和渣土中也含有大量硅质和钙质材料，因此具有被作为发泡混凝土原理的物质基础。本章主要研究废弃泥浆与水泥等矿物制备成胶凝材料浆体，再与泡沫混合搅拌均匀，制备泡沫混凝土的工艺过程，分析影响发泡混凝土性能的关键影响因素，并对用废弃泥浆和渣土制备的发泡混凝土性能进行测定。

3.1 发泡混凝土技术简介

3.1.1 发泡混凝土概念

发泡混凝土，又名泡沫混凝土或轻质混凝土，是通过将泡沫加入到由水泥、掺合料、外加剂和水制成的胶凝材料浆体中，搅拌混合、浇筑养护成型的轻质微孔混凝土。按照泡沫产生方式可分为物理发泡和化学发泡。化学发泡一般是将发泡剂加入预制好的胶凝材料浆体中，发泡剂发生化学反应产生的气体在胶凝材料浆体中形成气泡，浆体硬化后制成发泡混凝土。而物理发泡则是通过物理方法将发泡剂制备成泡沫，然后将泡沫与胶凝材料浆体搅拌混合均匀，浆体硬化后制成发泡混凝土。

3.1.2 发泡混凝土特点

发泡混凝土相较于普通混凝土的最大特点是没有添加粗骨料，内部的大量气孔起到了骨料的作用。由于含有大量的气孔，相比于普通混凝土，具有轻质、隔音、保温、隔热等特性，在各个领域得到了广泛应用。

1. 轻质

发泡混凝土的表观密度一般为 300～1200kg/m^3，仅为普通混凝土的 1/10～1/3，使用发泡混凝土作为墙体的填充材料，可以有效降低建筑荷载，降低建筑自重达 25%～40%，因此，在建筑中使用发泡混凝土具有重要的经济价值。

2. 隔音

发泡混凝土中含有大量的封闭气孔，属于一种多孔材料，因此可作为一种良好的隔音建材，降低噪声污染。

3. 保温、隔热

发泡混凝土导热系数比普通混凝土低，发泡混凝土导热系数为0.08～0.29W/(m·K)，而普通混凝土的导热系数为1.5W/(m·K)。采用发泡混凝土作为墙体填充材料，可有效降低建筑能耗。

3.2 发泡混凝土制备方法

发泡混凝土的性能与胶凝材料和孔结构有着密切联系，发泡混凝土可以看作是由胶凝材料、气孔以及胶凝材料-气孔的界面过渡区三部分组成。胶凝材料硬化后，内部含有大量细小的封闭气孔在发泡混凝土中起到了“骨料”的作用，但并非是以固体形式存在的“骨料”。发泡混凝土的强度来源主要是气孔结构和胶凝材料基体，因此可通过优化气孔结构和胶凝材料配方，改善发泡混凝土综合性能。

发泡混凝土的气孔按照气孔之间的连通状况可分为未完全封闭孔、完全封闭孔和完全贯通孔。气孔越接近球形，孔径越小，受力越均匀，抗压强度则越高。完全封闭孔较多的发泡混凝土强度高、表观密度低、保温性能好。未完全封闭孔和完全贯通孔较多时，对发泡混凝土强度会有不利影响。孔结构形成主要可分为三个阶段：

(1) 气-液界面向气-液-固界面转变。泡沫是由液相包裹空气的气-液两相体系，浆体是由水、胶凝材料形成的液-固两相体系。泡沫与浆体混合后，形成气-液-固三相体系。

(2) 气-液-固界面向气-固界面转变。浇筑之后的养护成型时期，养护初期主要是以泡沫液膜的强度为体系的强度来源，待到养护后期，胶凝材料发生水化反应产生的水化产物强度加强，将逐步替代液膜的支撑体系。

(3) 形成气-固界面。胶凝材料浆体逐步凝固时，泡沫的液膜将会被胶凝材料逐渐吸收，液膜将逐渐变薄，最后消失，泡沫的气-液两相体系转为单一气相，附着在液膜表面的胶凝材料取代液膜，形成包裹空气的气-固界面。最终形成胶凝材料、气孔以及胶凝材料-气孔的界面过渡区。

胶凝材料在发泡混凝土中主要起到胶结作用，对发泡混凝土性能有着重要影响。目前，常用水泥作为主要胶凝材料，但水泥作为高耗能、高污染材料，大量使用水泥不利于节能减排，因此寻求其他矿物掺合料代替水泥，降低水泥使用量，已是大势所趋。通过粉煤灰、硅粉等矿物掺合料代替部分水泥，改善发泡混凝土的综合性能，且矿物掺合料的价格较低，也可降低生产成本，已受到学者广泛关注。

但目前将废弃泥浆进行适当处理，代替部分水泥制作发泡混凝土的案例却鲜有报道，故在本书中尝试以废弃泥浆为原料，探究制备发泡混凝土的可行性。

3.3 废弃泥浆制备发泡混凝土的影响因素

废弃泥浆中含有部分矿物组分，将其资源化利用对环境保护具有重要意义。本章先将废弃泥浆通过投加 APAM 进行絮凝减量化，获得废弃泥浆滤饼，然后选用水泥、粉煤灰和硅粉作为固化材料，将泥浆滤饼、水泥、粉煤灰和硅粉与水混合搅拌均匀，获得胶凝材料浆体，再将预制泡沫与胶凝材料浆体混合搅拌，浇筑制作成型，获得发泡混凝土试块，然后对试块进行检测，分析固化效果，并通过分析配合比与发泡混凝土抗压强度、表观密度和吸水率之间的相关关系，分析发泡混凝土微观形貌，进一步解析其固化机理。

3.3.1 发泡混凝土试块制备方法

(1) 制备泥浆滤饼。取适当泥浆，使用 2‰质量浓度的 APAM 进行絮凝处理，与泥浆以 3：10 的体积比对泥浆进行絮凝脱水，将絮凝后的混合物通过 200 目滤布，静置 3h 后取出，获得泥浆滤饼。

(2) 制备胶凝材料浆体。将泥浆滤饼、水泥、粉煤灰、硅粉和水按照一定配比混合搅拌均匀，获得胶凝材料浆体。

(3) 制备泡沫。将发泡剂 α—烯烃基磺酸钠和水按照一定比例混合，然后通过高速发泡机制备泡沫。

(4) 制备试块。将胶凝材料浆体和泡沫按照一定比例混合搅拌均匀，然后浇筑在 7.07cm×7.07cm×7.07cm 模具中，在标准条件下养护 28d 后获得发泡混凝土试块。发泡混凝土试块制备方法如图 3.1 所示。

3.3.2 泥浆滤饼掺加量对发泡混凝土性能的影响

1. 配合比设计

为尽量更多利用泥浆，实现泥浆资源化利用，同时保证发泡混凝土性能满足相关规范要求，本组试验取泥浆滤饼掺加量取 10%～50%、水泥添加量取 20%～60%、粉煤灰掺加量取 20%、硅粉掺加量取 10%，泡沫按照体积掺加量取 55%，水灰比为 0.55。具体配合比见表 3.1。

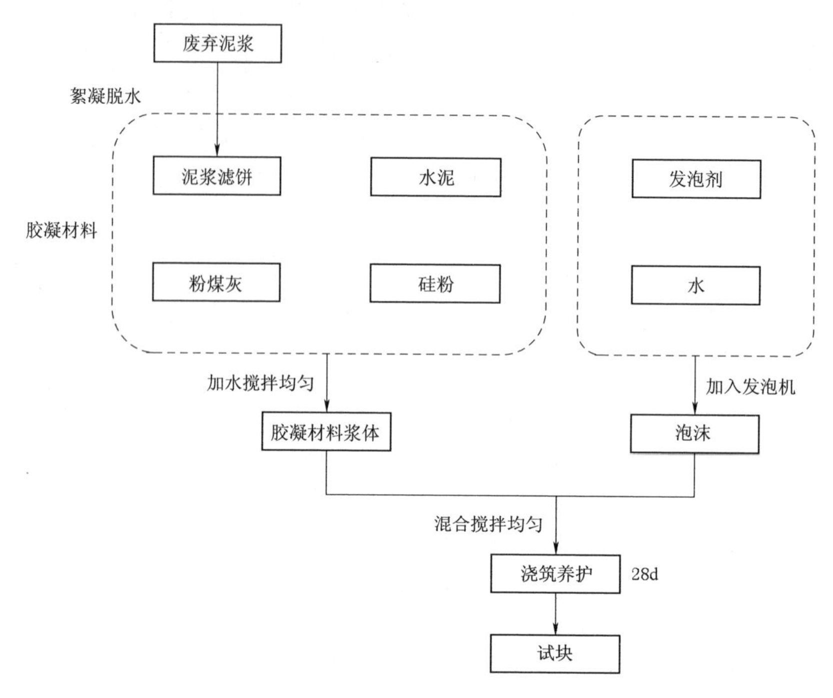

图 3.1 发泡混凝土试块制备方法

表 3.1　　泥浆滤饼掺加量试验配合比设计

试验编号	泥浆滤饼/%	水泥/%	粉煤灰/%	硅粉/%	泡沫/%	水灰比
A-1	10	60	20	10	55	0.55
A-2	20	50	20	10	55	0.55
A-3	30	40	20	10	55	0.55
A-4	40	30	20	10	55	0.55
A-5	50	20	20	10	55	0.55

2. 泥浆滤饼对抗压强度的影响

如图 3.2 所示，随着泥浆滤饼掺加量的增加，发泡混凝土抗压强度整体呈先上升后下降趋势，当泥浆滤饼掺加量为 10%时，抗压强度为 1.4MPa，当泥浆滤饼掺加量增加到 20%时，抗压强度达到最大值 1.6MPa，抗压强度符合《泡沫混凝土》(JG/T 266—2011) 标准。但随着泥浆滤饼掺加量的继续增加，抗压强度呈下降趋势，当泥浆滤饼掺加量为 30%时，抗压强度降至 1.3MPa，但当泥浆滤饼掺加量增至 50%时，抗压强度降至最低值 0.1MPa，其抗压强度过低，表明泥浆滤饼掺加量过高并不能增强发泡混凝土的抗压强度。

发泡混凝土的强度来源主要是胶凝材料基体和孔结构，通过孔间硬化胶凝

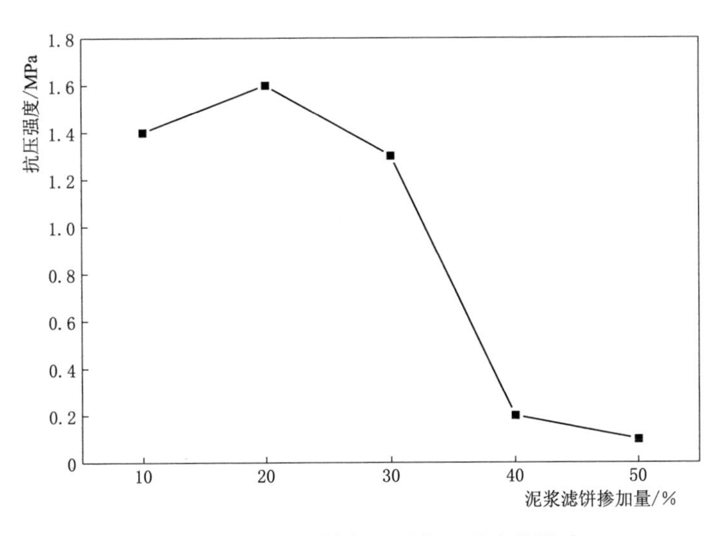

图 3.2 泥浆滤饼掺加量对抗压强度的影响

材料的支撑作用产生，当泥浆滤饼掺加量过高，水泥掺加量过低，导致胶凝材料的胶凝作用不强，抗压强度降低，因此在使用泥浆滤饼资源化制作发泡混凝土时，应注意合理控制泥浆滤饼掺加量。综上所述，泥浆滤饼掺加量范围在10%～30%较为合适。

3. 泥浆滤饼对表观密度的影响

如图 3.3 所示，随着泥浆滤饼掺加量的增加，发泡混凝土表观密度整体呈先上升后下降趋势，当泥浆滤饼掺加量为 10%时，表观密度为 650.70 kg/m^3，泥浆滤饼掺加量增加到 20%时，表观密度增至最大值 660.26kg/m^3，但随着泥浆滤饼掺加量的继续增加，表观密度呈下降趋势，泥浆滤饼掺加量增加至 50%时，表观密度降至最小值 572.58kg/m^3。泥浆滤饼掺加量过多会影响表观密度下降，这主要是由于泥浆滤饼较水泥轻，且内部多孔，当泡沫与胶凝材料浆体混合时，气泡膨胀所受阻力变小，导致发泡高度增加，表观密度降低。

4. 相关性分析

泥浆滤饼掺加量与发泡混凝土抗压强度、表观密度和吸水率具有很强的相关性（表 3.2），其中泥浆滤饼掺加量与抗压强度和表观密度呈显著负相关（$R=-0.888$ 和 $R=-0.927$），表明泥浆滤饼掺加量过高会降低抗压强度和表观密度，而泥浆滤饼掺加量与吸水率呈显著正相关（$R=0.981$），表明泥浆滤饼掺加量过高会导致吸水率上升。在不同泥浆滤饼掺加量作用下，抗压强度与表观密度呈显著正相关（$R=0.965$），表明表观密度的增加对抗压强度的提高有积极影响，而表观密度与吸水率呈显著负相关（$R=-0.926$），这主要是表

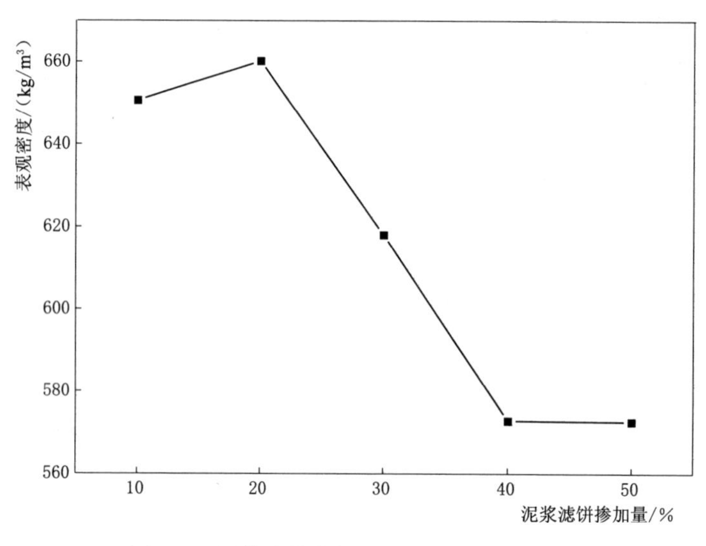

图 3.3 泥浆滤饼掺加量对表观密度的影响

观密度越高，发泡混凝土的气孔占比则越低，导致发泡混凝土吸水性能下降。

表 3.2 泥浆滤饼掺加量与抗压强度、表观密度和吸水率的 Pearson 相关系数

指 标	泥浆滤饼/%	抗压强度/MPa	表观密度/(kg/m^3)	吸水率/%
泥浆滤饼/%	1	−0.888*	−0.927*	0.981**
抗压强度/MPa		1	0.965**	−0.934*
表观密度/(kg/m^3)			1	−0.926*
吸水率/%				1

* 在 0.05 级别（双尾），相关性显著。

** 在 0.01 级别（双尾），相关性显著。

3.3.3 水灰比对发泡混凝土性能的影响

1. 配合比设计

本组试验取泥浆滤饼掺加量取 30%、水泥掺加量取 40%、粉煤灰掺加量取 20%、硅粉掺加量取 10%，泡沫按照体积掺加量取 55%，水灰比取 0.45～0.65。具体配合比见表 3.3。

表 3.3 水灰比试验配合比设计

试验编号	泥浆滤饼/%	水泥/%	粉煤灰/%	硅粉/%	泡沫/%	水灰比
B-1	30	40	20	10	55	0.45
B-2	30	40	20	10	55	0.5
B-3	30	40	20	10	55	0.55

续表

试验编号	泥浆滤饼/%	水泥/%	粉煤灰/%	硅粉/%	泡沫/%	水灰比
B-4	30	40	20	10	55	0.6
B-5	30	40	20	10	55	0.65

2. 水灰比对抗压强度的影响

如图3.4所示，随着水灰比的增加，发泡混凝土抗压强度呈先上升后下降趋势。由表3.4和图3.4可看出，当水灰比为0.45时，浆体很稠，发泡不成功，抗压强度最低为0.1MPa，水灰比增至0.5时，浆体较稠，发泡效果一般，抗压强度为0.5MPa，略有升高；当水灰比增至0.55和0.6时，浆体流动性较好，且发泡效果良好，抗压强度达到最大值，均为1.3MPa，但当水灰比增至0.65时，虽然发泡效果较好，但浆体流动性很大，且抗压强度反而降低为1MPa。

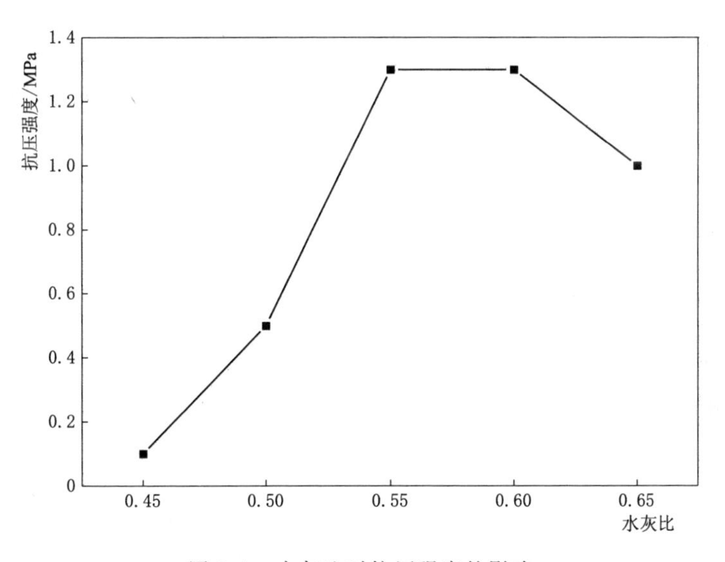

图3.4 水灰比对抗压强度的影响

发泡混凝土的抗压强度与水灰比有很大关系，当水灰比过低时，浆体较稠，胶凝材料发生水化反应所需水量不足，会吸收泡沫中的水分，导致泡沫发生破裂，封闭气泡数量减少且分布不均，混凝土均匀性随之下降，造成抗压强度降低；而随着水灰比适当增大，胶凝材料浆体流动性较好，会更均匀的将气泡引入浆体中，抗压强度也随之增大；但水灰比过高时，易出现缓凝、沁水等现象，影响稳定性，且未发生水化反应的游离水在养护过程中从混凝土内部蒸发，导致混凝土内部形成连通孔，导致抗压强度降低。因此，为保证发泡混凝土性能，在制备时应严格控制水灰比。

综上所述，水灰比为0.55～0.6时较为适合。

表3.4　　水灰比对发泡混凝土浆体流动性和发泡情况的影响

试验编号	水灰比	试验现象
B-1	0.45	浆体很稠，气泡易破碎，发泡不成功
B-2	0.5	浆体较稠，气泡易破碎，发泡效果一般
B-3	0.55	浆体流动性适合，发泡效果良好
B-4	0.6	浆体流动性较大，发泡效果良好
B-5	0.65	浆体流动很大，发泡效果良好

3. 水灰比对表观密度的影响

如图3.5所示，随着水灰比的增加，表观密度呈降低趋势。当水灰比为0.45时，发泡混凝土的表观密度达到最大值650.70kg/m³，随着水灰比增至0.65时，表观密度降至最小值609.78kg/m³。当泡沫掺加量一定时，水灰比过低，胶凝材料浆体变得过于黏稠，气泡易碎，导致发泡混凝土中气孔占比较小，导致表观密度较高；而随着水灰比增加，浆体流动性较好，浆体对气泡阻力较小，气泡稳定，气孔占比较高，表观密度较低，但水灰比过高，会导致未参与水化反应的水分在养护时蒸发，且形成连通孔，导致表观密度降低。

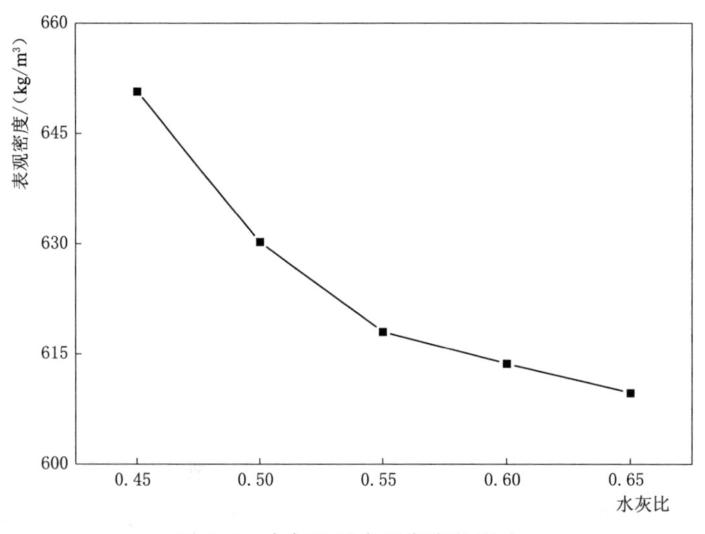

图3.5　水灰比对表观密度的影响

4. 水灰比对吸水率的影响

如图3.6所示，随着水灰比的增加，发泡混凝土吸水率呈先降低后升高趋势，当水灰比为0.45时，吸水率为27.38%，当水灰比增至0.55时，吸水率降至最小值24.18%，但随着水灰比继续增加至0.65时，吸水率增至最大值

30.37%，增幅达6.19%。水灰比过低时，由于浆体黏稠，导致气泡易碎，形成较多未封闭气孔，导致吸水率过高，当水灰比适当时，浆体流动性适合，发泡效果较好，形成封闭气孔，水分不易进入，吸水率会降低，但当水灰比过高，会导致多余水分蒸发时，形成连通孔，导致吸水率升高。

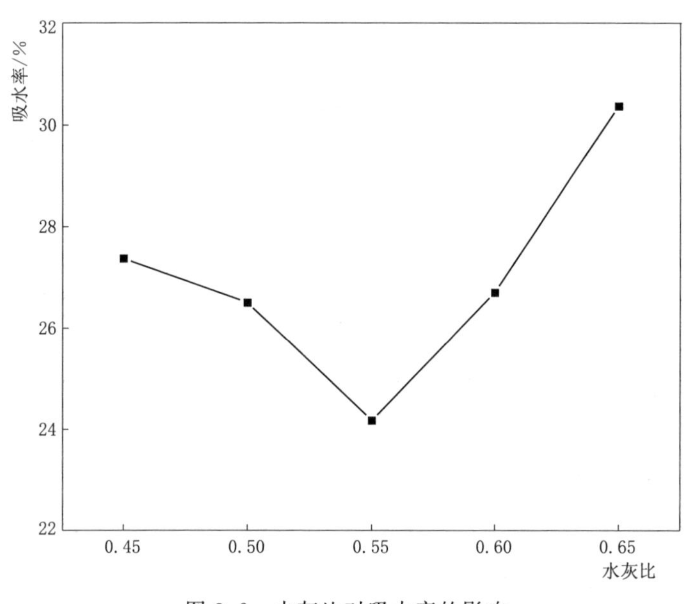

图3.6 水灰比对吸水率的影响

5. 相关性分析

水灰比与发泡混凝土表观密度呈显著负相关（$R=-0.941$），表明水灰比越高对表观密度的影响越大，水灰比与抗压强度呈较强相关（$R=0.780$），表明适当的水灰比对抗压强度提高有着积极作用，而水灰比与吸水率相关关系较弱，表明水灰比对吸水率影响不大。在不同水灰比作用下，表观密度与吸水率呈相关关系较弱（$R=-0.146$），这主要是由于水会在混凝土养护过程中蒸发，实际参与发生水化反应的水和拌和混凝土用水量之间存在一定的差值，导致相关关系并不明显（表3.5）。

表3.5 水灰比与抗压强度、表观密度和吸水率的Pearson相关系数

指标	水灰比	抗压强度/MPa	表观密度/(kg/m^3)	吸水率/%
水灰比	1	0.780	−0.941*	0.440
抗压强度/MPa		1	−0.906*	−0.214
表观密度/(kg/m^3)			1	−0.146
吸水率/%				1

* 在0.05级别（双尾），相关性显著。

3.3.4 粉煤灰掺加量对发泡混凝土性能的影响

1. 配合比设计

本组试验取泥浆滤饼掺加量取30%、水泥掺加量取30%～50%、粉煤灰掺加量取10%～30%、硅粉掺加量取10%，泡沫按照体积掺加量取55%，水灰比取0.55。具体配合比见表3.6。

表3.6 粉煤灰掺加量试验配合比设计

试验编号	泥浆滤饼/%	水泥/%	粉煤灰/%	硅粉/%	泡沫/%	水灰比
C-1	30	50	10	10	55	0.55
C-2	30	45	15	10	55	0.55
C-3	30	40	20	10	55	0.55
C-4	30	35	25	10	55	0.55
C-5	30	30	30	10	55	0.55

2. 粉煤灰对抗压强度的影响

如图3.7所示，随着粉煤灰掺加量的增加，发泡混凝土抗压强度呈先上升后下降趋势。当粉煤灰掺加量为10%时，抗压强度为1MPa，随着粉煤灰掺加量增至20%时，抗压强度达到最大值1.3MPa，但随着粉煤灰掺加量继续增加，抗压强度下降幅度明显，当粉煤灰掺加量为30%时，抗压强度已降至最小值0.1MPa。表明适量掺加粉煤灰可提高发泡混凝土抗压强度，但过多掺加粉煤灰对抗压强度有不利影响。这与吴丽曼等和魏向明等的研究一致，粉煤灰掺加量适当时，其填充效应和微骨料效应可提高发泡混凝土抗压强度，但粉煤灰掺加量过量，而水泥的量变少，导致气泡破损过多，产生大量连通孔，导致抗压强度降低。

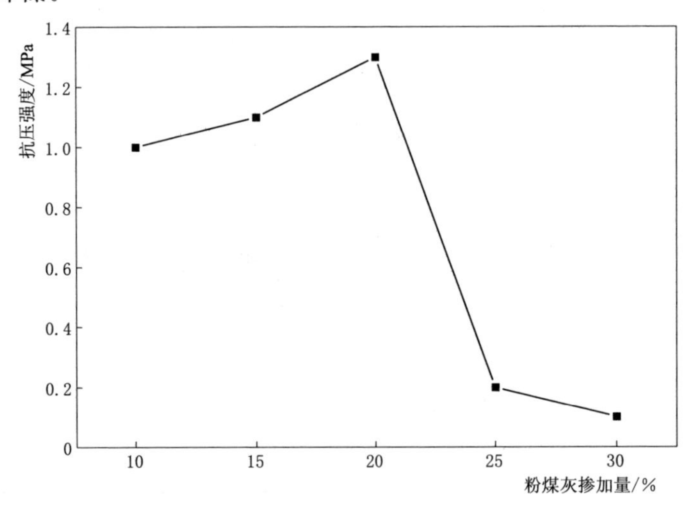

图3.7 粉煤灰掺加量对抗压强度的影响

综上所述，粉煤灰掺加量宜控制在 20%～30%。

3. 粉煤灰对表观密度的影响

如图 3.8 所示，随着粉煤灰掺加量的增加，发泡混凝土表观密度呈先上升后下降趋势。当粉煤灰掺加量为 10%时，表观密度为 626.85kg/m^3，当粉煤灰掺加量增至 15%时，表观密度达到最大值 648.65kg/m^3，但随着粉煤灰掺加量继续增至 30%，表观密度却随之下降，表观密度降至 524.27kg/m^3。粉煤灰具有填充效应和微骨料效应，投加量较低时，可起到良好的填充作用，粉煤灰颗粒会填充到胶凝材料水化产物孔隙中，提高发泡混凝土密实度，导致表观密度变大，但当粉煤灰相对于水泥掺加量过高，会导致气泡破损率较高，产生大量连通孔，导致表观密度下降。

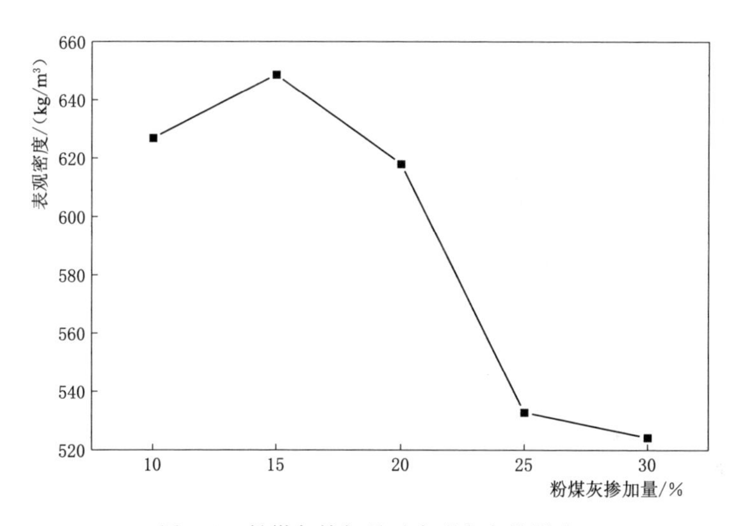

图 3.8 粉煤灰掺加量对表观密度的影响

4. 粉煤灰对吸水率的影响

如图 3.9 所示，随着粉煤灰掺加量的增加，发泡混凝土表观密度呈上升趋势。当粉煤灰掺加量为 10%时，吸水率为 23.33%，当掺加量增至 20%时，吸水率增至 24.18%，仅增长 0.85%；但当粉煤灰掺加量增至 30%时，吸水率增至 28.45%，增幅达 4.27%。由此表明，适当掺加粉煤灰对发泡混凝土吸水率影响不大，但粉煤灰掺加量过高，会产生大量连通孔，连通孔较容易吸水，导致发泡混凝土的吸水率上升。

5. 相关性分析

粉煤灰掺加量与发泡混凝土抗压强度、表观密度和吸水率具有很强的相关性（表 3.7），其中粉煤灰掺加量与表观密度和吸水率呈显著相关（$R=-0.884$ 和 $R=0.945$），表明粉煤灰掺加量过高会降低表观密度，提高吸水率，

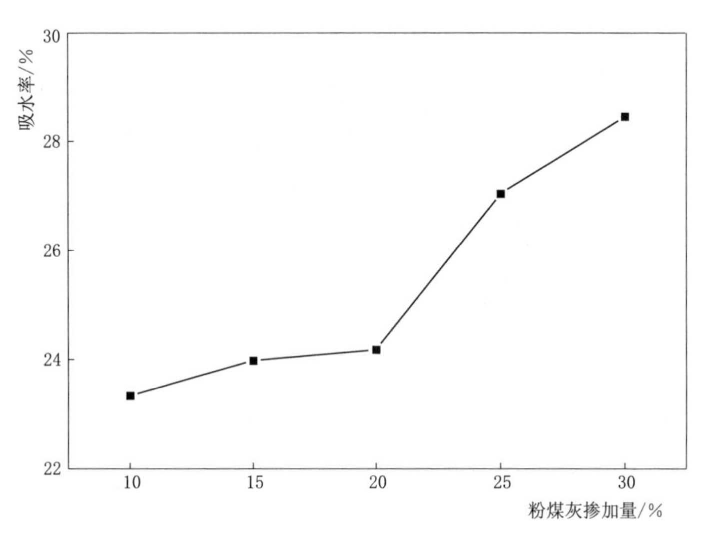

图 3.9 粉煤灰掺加量对吸水率的影响

而粉煤灰掺加量与抗压强度呈负相关（$R=-0.776$），表明粉煤灰掺加量过高会导致抗压强度下降。在不同粉煤灰掺加量作用下，抗压强度与表观密度呈显著正相关（$R=0.944$），表明表观密度的增加对抗压强度的提高有积极影响。

表 3.7　粉煤灰与抗压强度、表观密度和吸水率的 Pearson 相关系数

指　标	粉煤灰	抗压强度/MPa	表观密度/(kg/m³)	吸水率/%
粉煤灰	1	−0.776	−0.884*	0.945*
抗压强度/MPa		1	0.944*	−0.934*
表观密度/(kg/m³)			1	−0.956*
吸水率/%				1

* 在 0.05 级别（双尾），相关性显著。

3.3.5 硅粉掺加量对发泡混凝土的影响

1. 配合比设计

本组试验取泥浆滤饼掺加量取 30%、水泥掺加量取 36%～44%、粉煤灰掺加量取 20%、硅粉掺加量取 6%～14%，泡沫按照体积掺加量取 55%，水灰比取 0.55。具体配合比见表 3.8。

表 3.8　硅粉掺加量试验配合比设计

试验编号	泥浆滤饼/%	水泥/%	粉煤灰/%	硅粉/%	泡沫/%	水灰比
D-1	30	44	20	6	55	0.55
D-2	30	42	20	8	55	0.55

续表

试验编号	泥浆滤饼/%	水泥/%	粉煤灰/%	硅粉/%	泡沫/%	水灰比
D-3	30	40	20	10	55	0.55
D-4	30	38	20	12	55	0.55
D-5	30	36	20	14	55	0.55

2. 硅粉对抗压强度的影响

如图3.10所示，随着硅粉掺加量的增加，发泡混凝土抗压强度呈先上升后下降趋势。当硅粉掺加量为6%时，抗压强度为1.2MPa，当硅粉掺加量增至10%时，抗压强度增至最大值1.3MPa，但随着硅粉掺加量继续增加，抗压强度呈下降趋势，当掺加量增至14%时，其抗压强度降至0.1MPa。硅粉具有填充效应火山灰活性效应，可提高发泡混凝土抗压强度，但由于硅粉比表面积大，吸附水能力强，当水灰比一定时，过多掺加会导致胶凝材料浆体黏稠，流动性变差，导致浆体与泡沫混合时，泡沫大量破碎，导致抗压强度降低。在试验过程中发现当硅粉掺加量为14%时，浆体黏稠，且试块养护完成后，出现粉化现象。综上所述，硅粉掺加量宜控制在6%～10%。

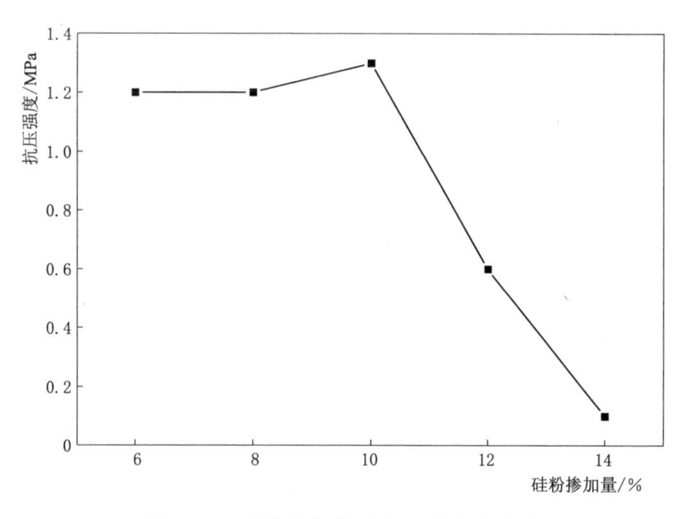

图3.10 硅粉掺加量对抗压强度的影响

3. 硅粉对表观密度的影响

如图3.11所示，随着硅粉掺加量的增加，发泡混凝土表观密度呈先上升趋势。当硅粉掺加量为6%时，发泡混凝土表观密度为608.81kg/m³，当硅粉掺加量增至10%时，表观密度仅增至618.03kg/m³，增幅仅9.22kg/m³，但随着硅粉掺加量增加增至14%时，硅粉掺加量增至678.49kg/m³，增幅达60.46kg/m³。李秀等指出硅灰具有火山灰活性，颗粒粒径小，与水泥等胶凝材料拌和时，会进一步填充浆体空隙，改善浆体的微观结构，提高密实度。

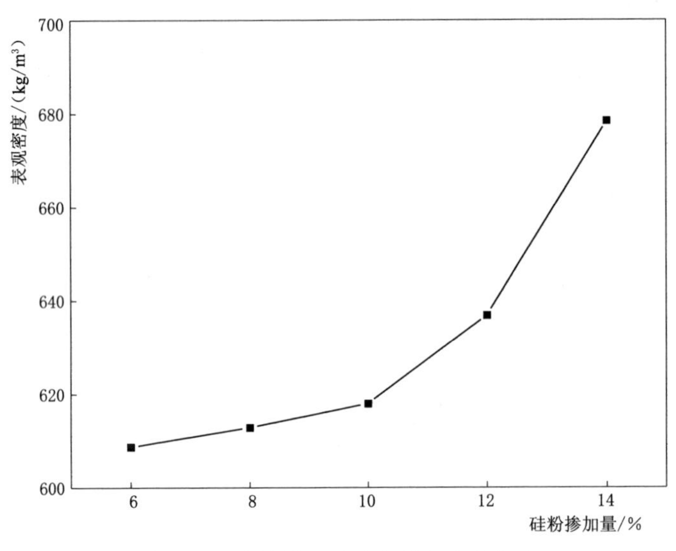

图 3.11 硅粉掺加量对表观密度的影响

4. 硅粉对吸水率的影响

如图 3.12 所示，随着硅粉掺加量的增加，发泡混凝土吸水率呈先上升趋势。当硅粉掺加量为 6%时，发泡混凝土吸水率为 23.16%，当硅粉掺加量增至 10%时，吸水率增至 24.18%，增幅仅 1.02%，但当硅粉掺加量增至 14%时，吸水率增至 46.49%，增幅达 22.31%。表明硅粉掺加量过高，会导致发泡混凝土吸水率过高。这主要是由于硅粉比表面积较大，吸水性好，掺加量过高会导致试块吸水率过高。

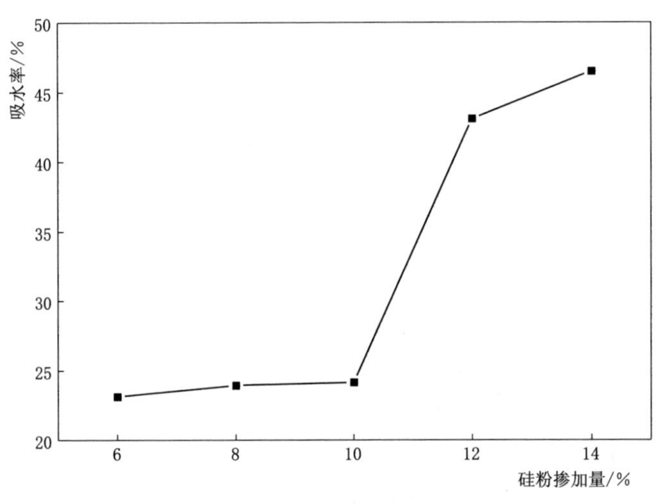

图 3.12 硅粉掺加量对吸水率的影响

5. 相关性分析

硅粉掺加量与发泡混凝土抗压强度、表观密度和吸水率具有很强的相关性（表 3.9），其中硅粉掺加量与表观密度和吸水率呈显著正相关（$R=0.902$ 和 $R=0.898$），表明硅粉掺加量可增加表观密度，提高吸水率，这主要是由于硅粉比表面积大，吸水性好，导致吸水率高，而硅粉与抗压强度呈负相关（$R=0.898$），表明硅粉掺加量过高会导致抗压强度下降。

表 3.9　　硅粉与抗压强度、表观密度和吸水率的 Pearson 相关系

指　标	硅粉	抗压强/MPa	表观密度/(kg/m³)	吸水率/%
硅粉	1	−0.857	0.902*	0.898*
抗压强度/MPa		1	−0.964**	−0.964**
表观密度/(kg/m³)			1	0.902*
吸水率/%				1

*　在 0.05 级别（双尾），相关性显著。

**　在 0.01 级别（双尾），相关性显著。

3.3.6 泡沫掺加量对发泡混凝土性能的影响

1. 配合比设计

本组试验取泥浆滤饼掺加量取 30%、水泥掺加量取 40%、粉煤灰掺加量取 20%、硅粉掺加量取 10%，泡沫按照体积掺加量取 45%～65%，水灰比取 0.55。具体配合比见表 3.10。

表 3.10　　泡沫掺加量试验配合比设计

试验编号	泥浆滤饼/%	水泥/%	粉煤灰/%	硅粉/%	泡沫/%	水灰比
E-1	30	40	20	10	45	0.55
E-2	30	40	20	10	50	0.55
E-3	30	40	20	10	55	0.55
E-4	30	40	20	10	60	0.55
E-5	30	40	20	10	65	0.55

2. 泡沫对抗压强度的影响

如图 3.13 所示，随着泡沫掺加量的增加，发泡混凝土抗压强度呈先上升后下降趋势。

当泡沫掺加量为 45%时，抗压强度为 1MPa，当泡沫掺加量增至 55%时，抗压强度增至最大值 1.3MPa，但当泡沫掺加量继续增加至 65%时，抗压强度反而降至 0.1MPa。

胶凝材料浆体与泡沫混合时，会导致泡沫发生部分破碎，若泡沫掺加量过

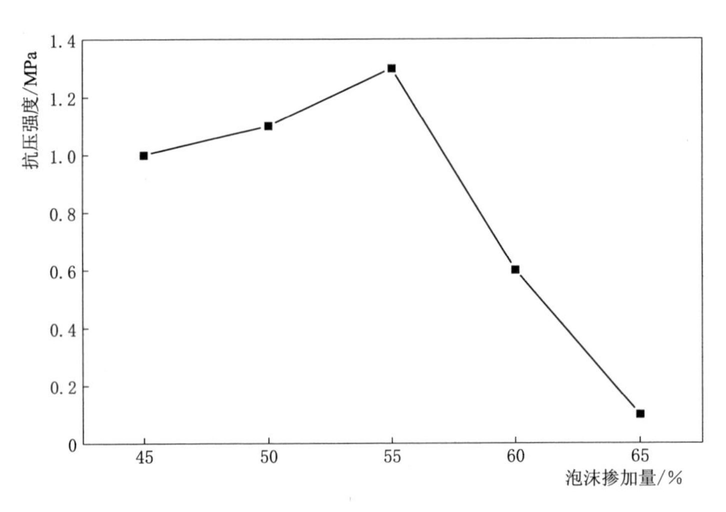

图3.13 泡沫掺加量对抗压强度的影响

少，会导致浆体与泡沫混合后，气相占比过低，无法产生足够的独立封闭气孔，导致抗压强度下降，但泡沫掺加量过高，导致胶凝材料浆体中形成的独立封闭气孔增多，发泡混凝土中气相所占体积增大，并且会造成浆体流动性增加，气泡之间会容易兼并，产生连通孔，导致抗压强度下降。

综上所述，泡沫掺加量宜控制在45%～55%。

3. 泡沫对表观密度的影响

如图3.14所示，随着泡沫掺加量的增加，发泡混凝土抗压强度呈下降趋势。当泡沫掺加量为45%时，发泡混凝土表观密度为769.00kg/m³，但随着泡沫掺加量的继续增加，表观密度随之下降，当泡沫掺加量增至65%时，表观密度已降至432.53kg/m³，降幅达336.47kg/m³。这主要是由于泡沫掺加量过高会导致泡沫与胶凝材料混合后，发泡混凝土中气孔占比过高，发泡混凝土硬化后气相体积占比过高，从而使发泡混凝土的表观密度呈下降趋势。

4. 泡沫对吸水率的影响

如图3.15所示，随着泡沫掺加量的增加，发泡混凝土吸水率呈上升趋势。当泡沫掺加量为45%时，吸水率为20.33%，当泡沫掺加量增至55%时，吸水率增至24.18%，增幅仅3.85%，但随着泡沫掺加量增至65%时，吸水率增至42.46%，增幅达18.28%。随着泡沫掺加量过高，但胶凝材料浆体并不能完全包裹泡沫，增加了泡沫在浆体中接触合并概率，小气泡转为大气泡，连通孔占比过高，外界水分更容易进入发泡混凝土内部，导致吸水率上升。

5. 相关性分析

泡沫掺加量与发泡混凝土表观密度和吸水率具有很强的相关性（表3.11），其中硅粉掺加量与表观密度和吸水率呈显著相关（$R=-0.996$和$R=$

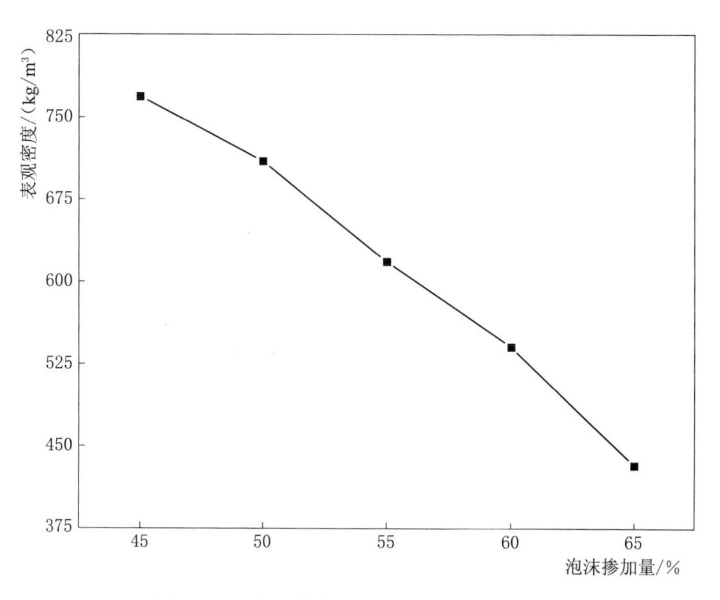

图 3.14 泡沫掺加量对表观密度的影响

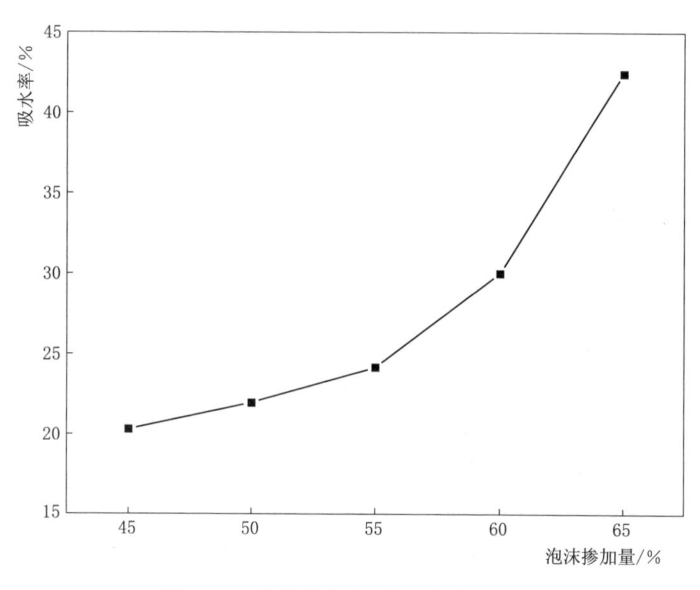

图 3.15 泡沫掺加量对吸水率的影响

0.921)，表明泡沫可增加发泡混凝土表观密度，提高吸水率，这主要是由于泡沫占比越高，导致发泡混凝土中气相占比越高，从而导致表观密度下降，而气相占比越高，则会导致发泡混凝土吸水率上升。而硅粉与抗压强度呈负相关($R=-0.674$)，表明泡沫掺加量过高会导致抗压强度下降。

表 3.11 泡沫与抗压强度、表观密度和吸水率的 Pearson 相关系数

指　标	泡沫	抗压强度/MPa	表观密度/(kg/m³)	吸水率/%
泡沫	1	−0.674	−0.996**	0.921*
抗压强度/MPa		1	0.710	−0.831
表观密度/(kg/m³)			1	−0.948*
吸水率/%				1

* 在 0.05 级别（双尾），相关性显著。

** 在 0.01 级别（双尾），相关性显著。

3.3.7 发泡混凝土微观形貌

为直观地说明泥浆滤饼和泡沫掺加量对发泡混凝土性能的影响，选取 A-2、A-3 和 E-4 三组试块通过扫描电镜，对发泡混凝土试块孔结构和胶凝材料基体进行微观形貌分析，三组试块配合比设计及性能试验结果见表 3.12，其中 A-2 试块的泥浆滤饼掺加量为 20%，抗压强度为 1.6MPa，是所有试块中抗压强度最大的，A-3 试块泥浆滤饼掺加量为 30%，抗压强度为 1.3MPa，抗压强度较大，A-2 和 A-3 可作为对照组，而 E-4 较 A-3 试块相比，A-3 试块泡沫掺加量为 55%，而 E-4 试块泡沫掺加量为 60%，可作为对照组。通过对三组试块的孔结构和胶凝材料基体进行微观形貌分析，进一步解析泥浆滤饼和泡沫掺加量对发泡混凝土性能的影响。

表 3.12 三组试块配合比设计及性能试验结果

试验编号	泥浆滤饼/%	水泥/%	粉煤灰/%	硅粉/%	泡沫/%	水灰比	抗压强度/MPa	表观密度/(kg/m³)	吸水率/%
A-2	20	40	20	10	55	0.55	1.6	660.26	23.73
A-3	30	40	20	10	55	0.55	1.3	618.03	24.18
E-4	30	40	20	10	60	0.55	0.6	540.66	30.04

发泡混凝土抗压强度与孔结构密切相关，气孔分布和孔径对抗压强度都对发泡混凝土抗压强度有很大影响，气孔分布均匀、孔径越小，则抗压强度越高。图 3.16 和图 3.17 分别为泥浆滤饼掺加量为 20% 和 30% 时的微观形貌。当泥浆滤饼掺加量为 20% 时，发泡混凝土内部气孔分布均匀、孔径较为一致，孔径集中为 200～300μm，大多为完全封闭孔，连通孔和未完全封闭孔较少，孔壁和胶凝材料基体发育较好，无明显裂缝出现，因此，泥浆滤饼为 20% 时，发泡混凝土抗压强度较高。

而当泥浆滤饼掺加量为 30% 时，发泡混凝土内部气孔分布已较为不均，孔径集中在 100～300μm，虽然大多气孔为完全封闭孔，但是已出现较多连通孔和未完全封闭孔，胶凝材料基体发育较好，未发现明显裂缝，但部分气孔出

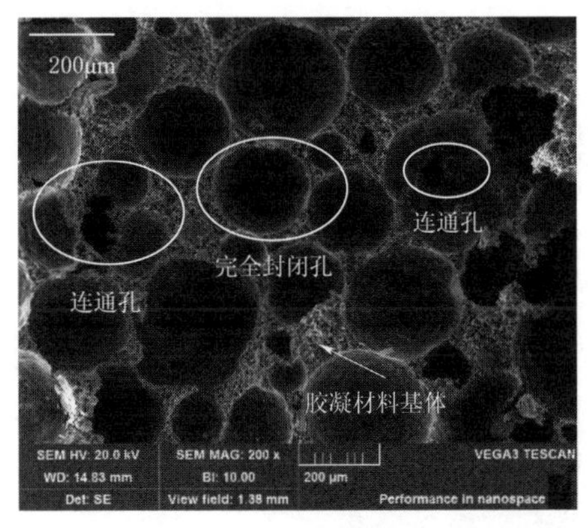

放大200倍

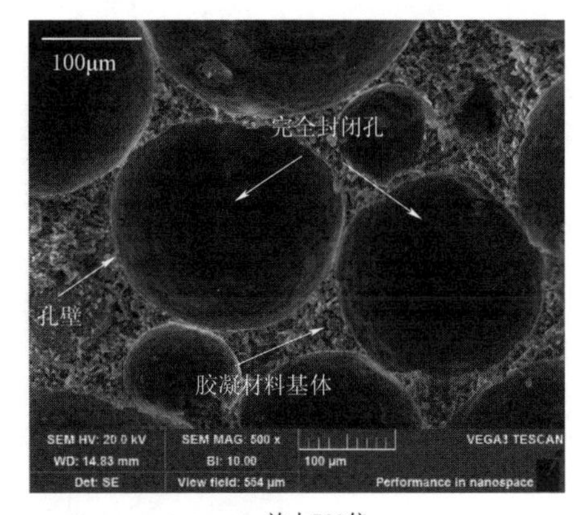

放大500倍

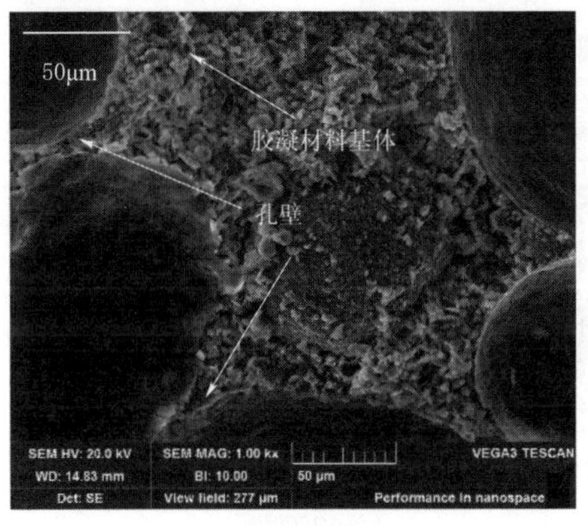

放大1000倍

图 3.16　A-2 试块微观形貌

现了裂缝。

通过对泥浆滤饼掺加量 20%（抗压强度为 1.6MPa）和 30%（抗压强度为 1.3MPa）两组试块的微观形貌对比分析，由于泥浆滤饼质量较水泥轻，且内部多孔，泥浆滤饼掺加量的增加，导致胶凝材料与泡沫混合后，影响了泡沫的稳定性，导致出现了较多连通孔和未完全封闭孔，进而影响了发泡混凝土抗压强度，但由于泥浆滤饼掺加量并不高，因此抗压强度、表观密度和吸水率变化并不明显。

当泡沫掺加量为 60%时，试块微观形貌如图 3.18 所示，泡沫掺加量增加后，泡沫混凝土内部气孔分布较为均匀，孔径集中在 200～300μm 范围内，但已出现较多连通孔和未完全封闭孔，胶凝材料基体出现微小裂缝，部分气孔出现明显裂缝。通过对泡沫掺加量 55%（抗压强度为 1.3MPa）和 60%（抗压强度为 0.6MPa）两组试块的微观形貌对比分析，泡沫掺加量的增加到 60%后，浆体与泡沫混合后，产生了较多的连通孔和未完全封闭孔，且胶凝材料基

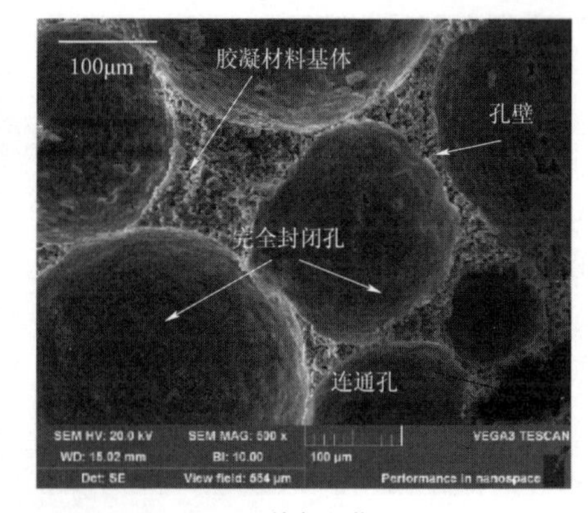

放大200倍　　放大500倍

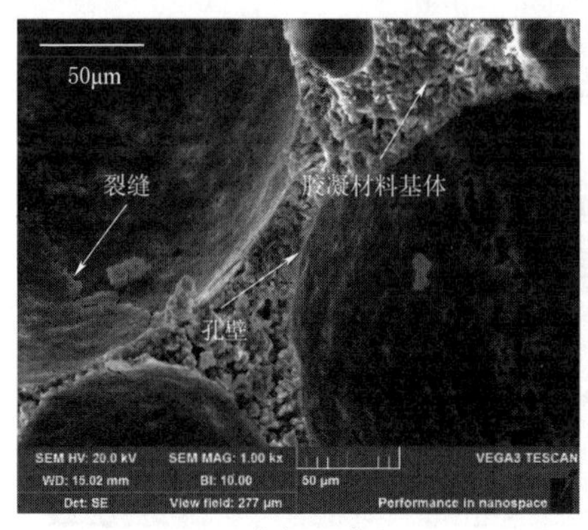

放大1000倍

图 3.17　A-3 试块微观形貌

体产生了微小裂缝，导致抗压强度和表观密度下降，吸水率上升。因此制作发泡混凝土时，应控制胶凝材料浆体和泡沫的配比。

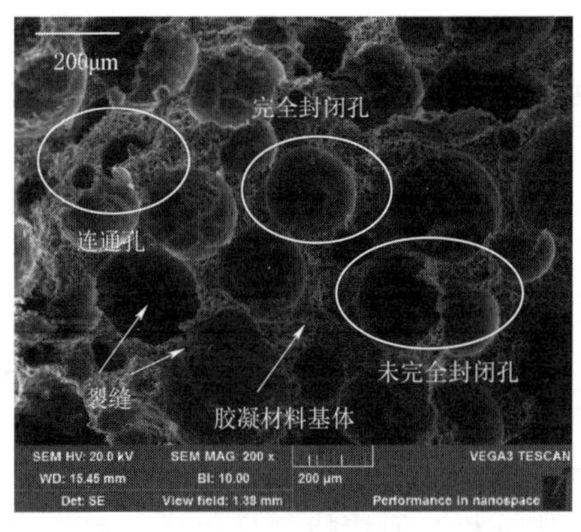

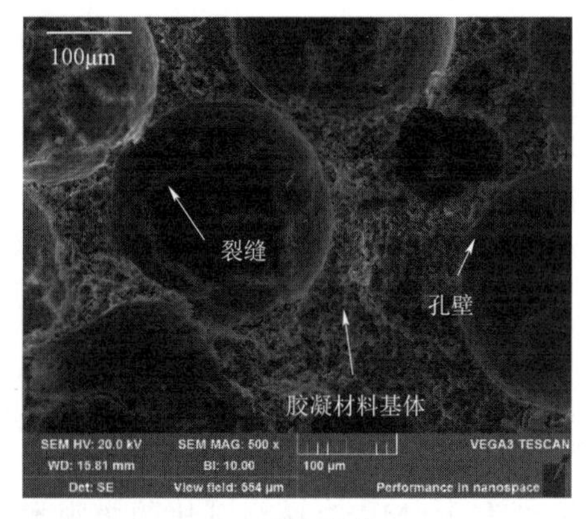

放大200倍　　放大500倍

图 3.18（一）　E-4 试块微观形貌

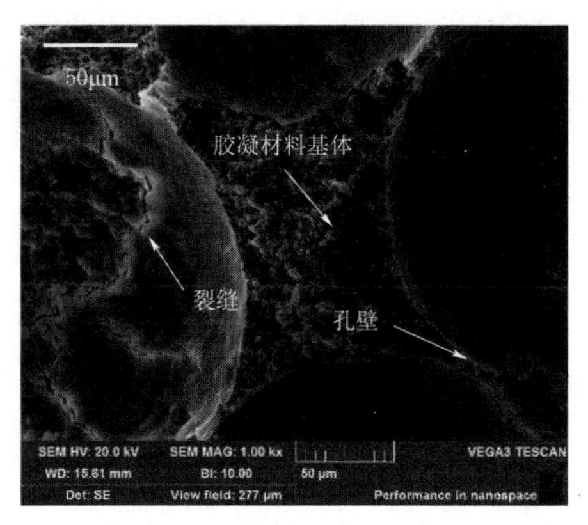

放大1000倍

图 3.18（二）　E－4 试块微观形貌

3.4　发泡混凝土指标测试与分析

发泡混凝土一般被作为墙体材料使用，因此需要一定的强度；此外由于泥浆和渣土中含有一定量的污染物质，其被制备成发泡混凝土之后污染物是否会在一定条件下释放出来，这都需要进一步探究，为这种发泡混凝土的使用奠定基础。

3.4.1　发泡混凝土浸泡试验设计

虽将废弃泥浆资源化利用制成发泡混凝土，但仍需验证所制发泡混凝土在实际应用中对环境的影响，而抗压强度作为评价发泡混凝土性能的重要指标，对评定发泡混凝土性能具有重要价值。基于此，本书选取试验中抗压强度最高的试件，即泥浆滤饼掺加量为 10％、20％和 30％三组试块，即 A－1、A－2 和 A－3，三组试块的抗压强度分别为 1.4MPa、1.6MPa 和 1.3MPa，强度在所有试验配合比设计中较高，具有代表性。分别将这三组试块浸泡在 500mL 水中 14d 后测定浸泡后的水质、抗压强度和软化系数，分析发泡混凝土的耐水性。

3.4.2　浸泡对水质的影响

如图 3.19 所示，原泥中 COD、总磷、氨氮和总氮含量分别为 61.27mg/L、0.324mg/L、3.63mg/L 和 1.38mg/L，其中原泥中 COD 含量较高，而其他三种污染物含量较低。

将泡沫混凝土浸泡 14d 后，浸泡液水质稍有变化，但整体变化不大，且将废弃泥浆资源化利用制作混凝土后，较原泥相比泡沫混凝土污染物浸出大幅降低。

A－1、A－2和A－3三组试块浸出液COD含量分别为23.26mg/L、23.33mg/L和32.71mg/L，满足《城镇污水处理厂污染物排放标准》（GB 18918—2002）中的一级A标准。三组试块浸出液COD较原泥相比，有大幅下降，其中A－3组试块浸出液COD含量较A－1和A－2组高，这主要是由

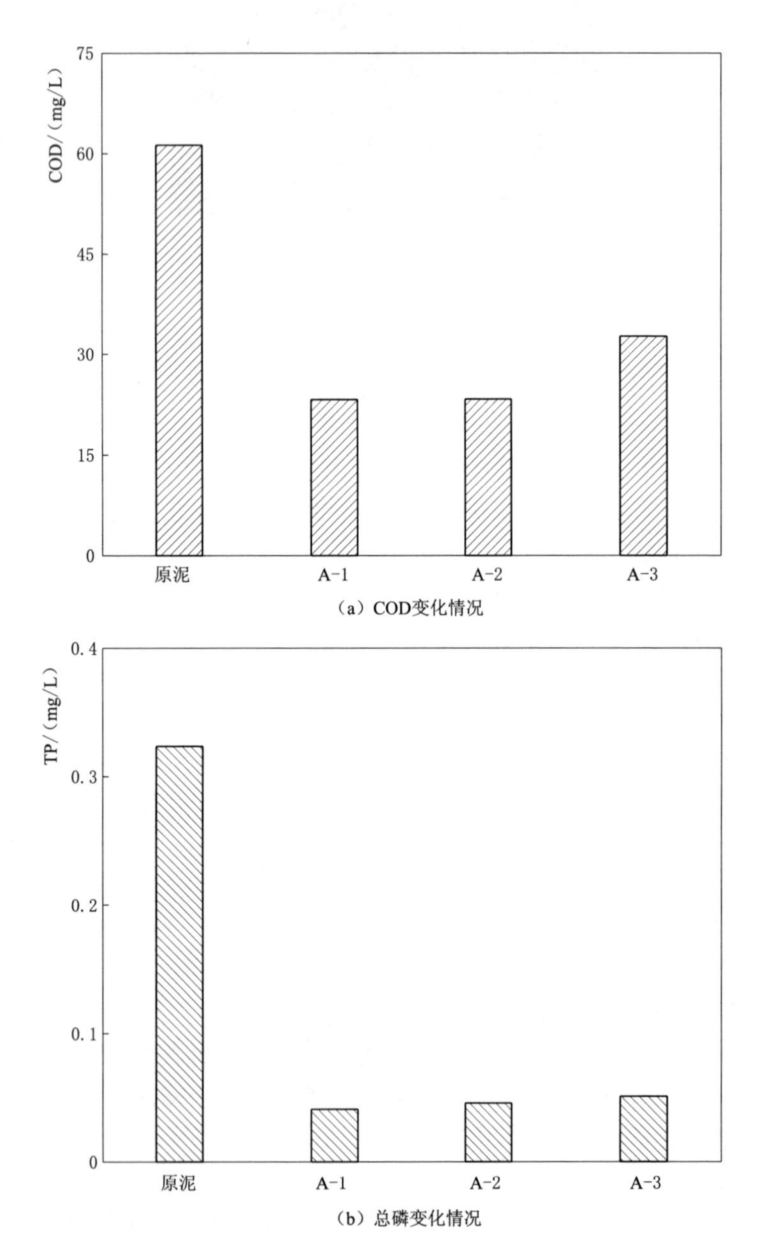

（a）COD变化情况

（b）总磷变化情况

图3.19（一） 泡沫混凝土浸泡对水质的影响

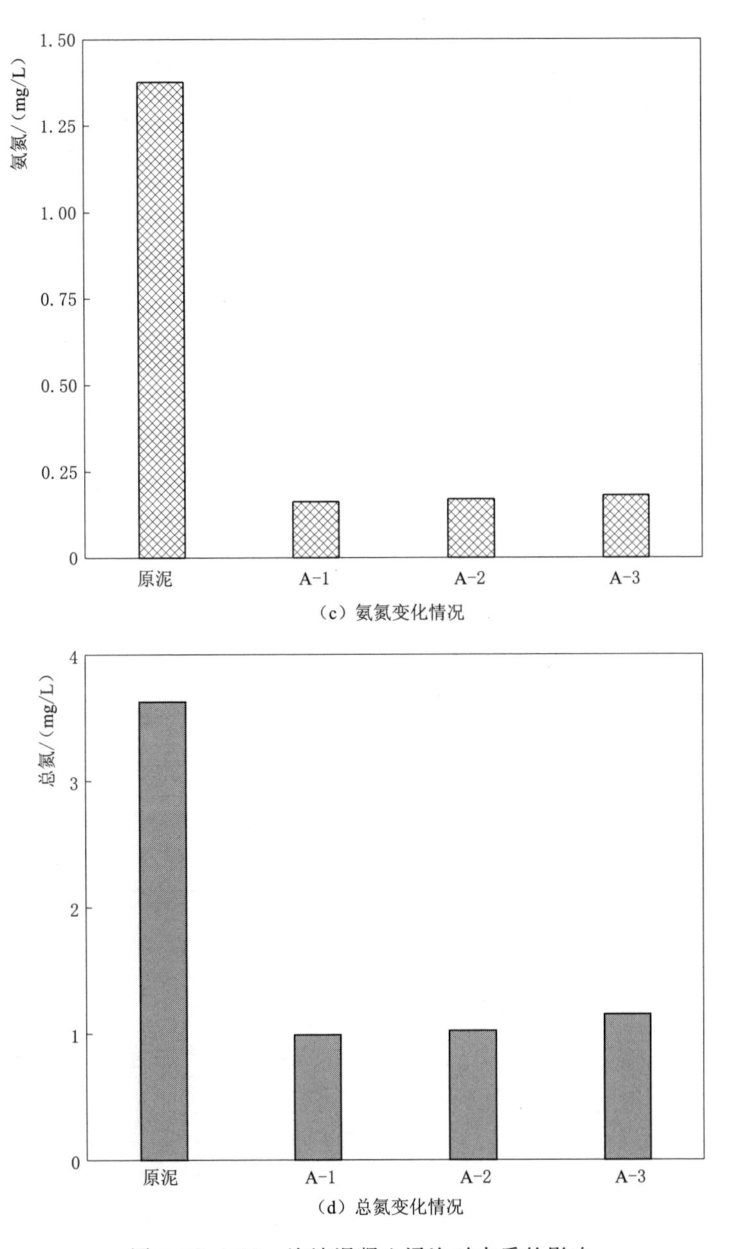

（c）氨氮变化情况

（d）总氮变化情况

图 3.19（二） 泡沫混凝土浸泡对水质的影响

于 A－3 组试块泥浆滤饼掺加 30%，相较于其他两组较高，导致浸泡后 COD 含量较高。A－1、A－2 和 A－3 三组试块浸出液总磷含量分别为 0.040mg/L、0.046mg/L 和 0.051mg/L，变化幅度整体不大，但较原泥相比下降明显。A－1、A－2 和 A－3 三组试块浸出液氨氮含量分别为 0.16mg/L、0.17mg/L 和

0.18mg/L，无明显变化。A-1、A-2和A-3三组试块浸出液总氮含量分别为0.99mg/L、1.02mg/L和1.15mg/L，虽然随着泥浆滤饼掺加量变大而增大，但是变化幅度整体不大。将泡沫混凝土浸泡水中后，由于水从泡沫混凝土孔隙渗入内部，造成部分胶凝材料基体出现微小坍塌，虽然使小部分污染物释放进入水中，但综合浸出液水质分析结果可得，将废弃泥浆资源化制作泡沫混凝土，经过14d浸泡后总磷、氨氮和总氮浸出不明显，对环境影响较低。

3.4.3 浸泡对抗压强度的影响

抗压强度作为评价泡沫混凝土的一项重要指标，对于泡沫混凝土的应用具有重要意义。软化系数常作为评价泡沫混凝土耐水性的重要指标，可表示材料浸水后强度降低的程度。材料软化系数计算方法为

$$K_{软}=f_{饱}/f_{干}$$

式中 $K_{软}$——试块软化系数；

$f_{饱}$——试块在饱水状态下的抗压强度，MPa；

$f_{干}$——试块在干燥状态下的抗压强度，MPa。

材料耐水性能与软化系数关系见表3.13。

表3.13 材料耐水性能与软化系数关系

耐水性能	软化系数
常位于水中或受潮严重的重要结构物的材料	≥0.85
受潮较轻或次要结构物的材料	≥0.70
可认为是耐水材料	>0.80

为评价浸泡对泡沫混凝土耐水性的影响，取浸泡14d后的A-1、A-2和A-3三组试块，检测其抗压强度和软化系数，分析浸泡对泡沫混凝土耐水性的影响。结果如图3.20所示，泡沫混凝土浸泡14d后，抗压强度发生不同程度的下降，但下降程度有所不同。A-1组泥浆滤饼掺加量为10%，浸泡后抗压强度由1.4MPa降至1.2MPa，降幅仅14.29%，软化系数为0.86，表明在该组试块耐水性能良好，而泥浆滤饼掺加量为20%的A-2组，浸泡后抗压强度由1.6MPa降至1.3MPa，降幅仅18.75%，软化系数为0.81，耐水性较好，但相较于A-1组有所下降，A-3组试块泥浆滤饼掺加量为30%，浸泡后抗压强度由1.3MPa降至1MPa，降幅达23.08%，软化系数为0.77，耐水性一般，较A-1和A-2组试块耐水性较低，耐水性按照大小排序依次为A-1、A-2、A-3，这主要是由于泥浆滤饼掺加量较高，造成胶凝材料作用不强，在水中浸泡14d后，水从泡沫混凝土孔隙渗入泡沫混凝土内部，造成部分胶凝材料基体出现微小坍塌，导致强度下降。

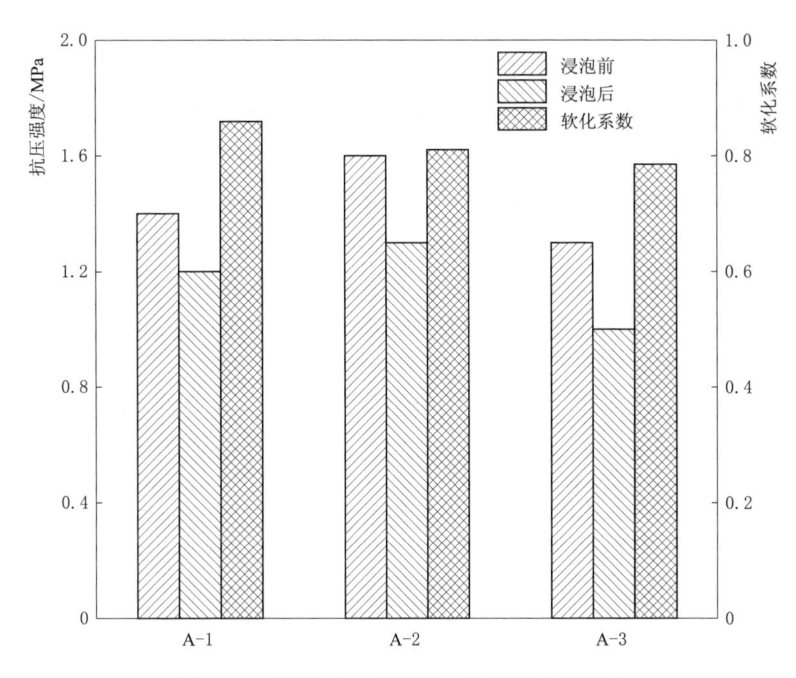

图 3.20 浸泡对泡沫混凝土抗压强度的影响

3.5 小 结

在制作发泡混凝土过程中通过调整泥浆滤饼、水泥、粉煤灰、硅粉、水灰比和泡沫的配合比，分析发泡混凝土抗压强度、表观密度和吸水率的变化情况，并结合微观形貌、孔结构和胶凝材料基体变化情况，进一步解析泥浆资源化制作发泡混凝土的作用机理，主要得出以下结论：

(1) 在泥浆滤饼掺加量为20%～25%、水泥掺加量为50%～60%、粉煤灰掺加量为20%～30%、硅粉掺加量为10%～15%、水灰比为0.55～0.60、泡沫体积掺加量为55%～65%的配合比下制作出的发泡混凝土抗压强度为1.6～1.8MPa，表观密度为660～750kg/m^3，吸水率为22.5%～25.8%，符合《泡沫混凝土》(JG/T 266—2011) 标准。

(2) 适当掺加泥浆滤饼，在实现泥浆滤饼资源化利用的同时，还可以提高混凝土抗压强度，改善发泡混凝土性能，但泥浆滤饼掺加量过高，会影响发泡混凝土气孔结构和胶凝材料基体，产生连通孔和裂缝，降低抗压强度，在使用时，应严格注意控制其掺加量。

(3) 适当的泡沫掺加量产生的气孔分布均匀，大小一致，气孔和胶凝材料基体发育较好，但当泡沫掺加量过高，会产生大量连通孔和未完全封闭孔，并且孔壁和胶凝材料基体出现裂缝，导致发泡混凝土抗压强度下降，因此在制作发泡混凝土时，应控制泡沫和胶凝材料浆体的比例。

（4）通过分析浸泡前后水质和试块抗压强度的变化，进一步分析了泡沫混凝土的耐水性，结果表明试块经过14d浸泡后，浸出液中COD、总磷、氨氮和总氮浸出量与泥浆滤饼掺加量相关，但浸出不明显，对环境影响较低。浸泡后试块的抗压强度发生不同程度变化，三组试块软化系数分别为0.86、0.81和0.77，这主要是由于泥浆滤饼掺加量较高，造成胶凝材料作用不强，在水中浸泡14d后，水从泡沫混凝土孔隙深入泡沫混凝土内部，造成部分胶凝材料基体出现微小坍塌，导致强度下降。

（5）在使用废弃泥浆资源化制作泡沫混凝土时，应根据泡沫混凝土的使用场景和耐水性等要求，控制泥浆滤饼的掺加量，在保证资源化的同时，也要保证泡沫混凝土的综合性能。

第 4 章　废弃渣土制备免烧陶粒技术

陶粒是一种陶制颗粒，其主要成分是 SiO_2 和 Al_2O_3，含量占组分的四分之三，外观大多为圆形球体，密度小，内部多孔，具有一定强度和坚固性，因而具有质轻、耐腐蚀、抗冻和良好的隔绝性等多功能特点。废弃泥浆和渣土等部分固废的主要成分为 SiO_2 和 Al_2O_3，与陶粒原料的成分要求相契合，且粒度小，用作陶粒原料可以大大降低破碎磨矿成本，同时可以消纳固废、保护生态环境，并且获得可观的经济效益和社会效益。从制备工艺看，陶粒可以分为烧结陶粒和免烧陶粒。烧结陶粒的制备工艺为：调节陶粒原料成分至设定成分并加入辅料，经破碎—混料—造球—干燥—烧结—冷却，产出陶粒成品；而免烧陶粒制备工艺为原料、辅料与胶凝材料经破碎，磨矿，混匀后造球成型，再经养护后即可得到成品免烧陶粒。与烧结陶粒工艺相比，免烧陶粒没有焙烧流程，取而代之的是养护流程，对能源的消耗会大大减少。免烧陶粒在养护的过程中会产生气泡并发生凝结，使免烧陶粒强度增加体积膨胀。本章主要介绍利用废弃泥浆和渣土制备免烧陶粒的工艺过程，以及该免烧陶粒在水处理过程中的应用潜力。

4.1　免烧陶粒技术现状

4.1.1　陶粒的分类及特点

陶粒最初是一种利用黏土、页岩等自然资源为主要原料，掺入少量黏结剂或外加剂作为辅料，通过造粒成球再经高温烧结烧胀、自然养护或蒸汽（蒸压）养护等工艺制成的一种人造轻骨料。由于陶粒具有机械强度高、防火抗冻、保温隔热、孔隙率大、化学和生物稳定性好、价格便宜等优点，逐渐成为一些建筑材料的替代品，被广泛应用于建筑轻集料、水处理用填料、化工和农业生产等领域。随着市场需求的增加，采用传统的原料与工艺制备陶粒就势必要开采大量的优质黏土耕地和页岩矿山等自然资源，这不仅会造成开采耕地和矿区周边的生态恶化，还会导致不可再生资源的枯竭，与可持续发展理念相违背，因此人们开始寻找可替代的新原料，生活污泥、河道底泥和农业、工业固体废弃物等逐渐成为生产陶粒的主要原材料，因此也衍生出了不同种类的陶粒，如粉煤灰陶粒、污泥陶粒、底泥陶粒、尾矿陶粒、生活垃圾陶粒等。Wang等提出了一种利用建筑拆迁固体废弃物制备高质量多孔陶粒的新工艺，并研究了烧结温度、加热速率、保温时间等工艺参数对陶粒膨化机理的影响，制备的陶粒具有强度高、密度低、力学性能均匀等性能，更适合在建筑领域应用。

按照制备工艺的不同陶粒一般分为烧结陶粒和免烧陶粒两类。烧结陶粒因为经过高温的焙烧，其外表具有陶质或釉质的光泽，颜色一般呈暗红色或深褐色；免烧陶粒一般经过自然养护或蒸汽（蒸压）养护而成，外表粗糙多孔且无光泽，但是内部孔隙发达，主要呈灰色或棕黄色。

作为人造轻骨料，陶粒及由陶粒配置的轻集料混凝土具有密度小，质轻、耐磨损、防火抗震等优点，常作为建筑材料被广泛应用于大跨度建筑结构和房屋结构中。目前，面对各类建材企业因种种原因搬迁或关停，固体废弃陶粒及其配置的混凝土产能却创造历史新高这一现状，杨雪晴等通过分析陶粒的性能特点，总结了陶粒在建筑行业中的应用前景和目前在建筑领域中的应用所存在的问题，为后面陶粒的应用提供指导意见。

陶粒的内部微孔丰富，孔隙率高，因此吸声隔音效果较好，常被当作中高频吸音材料。栾皓翔等用建筑垃圾作为主原料制备免烧陶粒，再将陶粒作为骨料制备出孔隙率为20.5%、抗压强度为12.76MPa的陶粒混凝土吸音板，利用混响室法对其进行声学测试得到吸音板的降噪系数为0.8，平均吸声系数0.74，满足实际轨道交通工程中的吸音降噪要求。

除了上述几种途径外，陶粒还被广泛利用在各个领域中。如海绵城市中常会利用透水系数高的陶粒作为绿色屋顶的植物生长基质；陶粒还因为具备一定的排水保水、缓释肥料的能力，被用于种植花卉的无土栽培中；因其具有的比表面积大、吸附性好和生物亲和性高等特点，常作为曝气生物滤池的填料，达到净化水质的目的。

4.1.2 泥浆基免烧陶粒的固结机理

物质与水反应的能力称为物质的活性。物质的活性一般又分为物理活性和化学活性。物理活性一般指物质颗粒间因遇水相互聚集、咬合、黏结等，无化学反应发生且使得物质的胶结活性变强，产品性能提高的各种物理效应的统称。化学活性指具有活性的化学成分在常温下与水和其他化学成分生成具有水硬性胶凝化合物的性质。废弃泥浆本身不具有水硬性，但当有水存在时，废弃泥浆可以在一定条件下与水泥、生石灰等物质混合后形成具有一定强度和孔隙率的固化产物，这是废弃泥浆中的活性成分和水泥等材料共同作用的结果。

1. 物理黏结作用

废弃泥浆与水泥、生石灰等充分混合均匀后，混合干物料间无任何黏结作用，当加入适当的水玻璃溶液后，物料颗粒接触得更加紧密，同时分子与分子间在引力的作用下逐渐密实，造粒过程中，紧密接触的物料颗粒又在外力的作用下相互碰撞和挤压，施加的外力越大，物料颗粒就结合得越强。

2. 化学黏结作用

水玻璃作为黏结剂其水溶液本身就具有一定的黏合作用，水玻璃分子上的极性基团可以吸附混合物料颗粒从而形成分子链，各个分子链间通过吸附架桥又可以互相黏结，形成致密的网状结构，提高团聚体的强度，物理黏结与化学黏结的共同作用是造粒初期泥浆基免烧陶粒的强度来源。

3. 水解水化作用

制备泥浆基免烧陶粒需要添加水泥、生石灰及水玻璃作为辅料，水泥的水化，以及水泥、生石灰和水反应生成的 $Ca(OH)_2$ 与泥浆中的活性物质反应生成的水硬性物质是制成陶粒的强度来源。而水玻璃的添加不仅可以加快泥浆的解聚，促进水硬性产物的形成，又能生成气体，增大免烧陶粒的比表面积与孔隙率。

硅酸盐水泥的主要矿物成分为硅酸三钙、硅酸二钙、铝酸三钙及铁铝酸四钙，水泥与水拌和后迅速水化生成水化硅酸钙凝胶（C－S－H)、水化铝酸钙凝胶（C－A－H）与 $Ca(OH)_2$，大量的C－S－H 凝胶和C－A－H 凝胶以絮状纤维状晶体延伸出来相互交织形成网络，成品产生强度；随着水化反应的深入进行，水化产物数量增加，结构更加复杂，使得硬化浆体结构更加致密，强度进一步上升。水泥遇水后发生的主要反应为

$$3CaO \cdot SiO_2 + H_2O \longrightarrow CaO \cdot SiO_2 \cdot YH_2O + Ca(OH)_2$$

$$2CaO \cdot SiO_2 + H_2O \longrightarrow CaO \cdot SiO_2 \cdot YH_2O + Ca(OH)_2$$

$$3CaO \cdot Al_2O_3 + 6H_2O \longrightarrow 3CaO \cdot Al_2O_3 \cdot 6H_2O$$

$$4CaO \cdot Al_2O_3 \cdot Fe_2O_3 + 7H_2O \longrightarrow 3CaO \cdot Al_2O_3 \cdot 6H_2O + CaO \cdot Fe_2O_3 \cdot H_2O$$

对废弃泥浆进行 XRF 和 XRD 分析可知废弃泥浆的主要成分为 SiO_2 与 Al_2O_3，它们主要是以石英晶体的形式存在的，废弃泥浆活性的高低主要取决于泥浆内部具有活性的 SiO_2 和 Al_2O_3 含量的多少，但具有活性的 SiO_2 和 Al_2O_3 被包裹在泥浆内部的玻璃体内无法游离出来。化学激发法是一种较为常见的使活性成分从玻璃相中游离出来的活化方法，具体的实施方法是创造碱性环境侵蚀玻璃体，破坏玻璃体的网络结构，从而使泥浆内部游离态的 SiO_2 和 Al_2O_3 溶出，溶出后的 SiO_2 和 Al_2O_3 在有水参与的条件下与体系中的 Ca^{2+} 发生反应生成C－S－H 凝胶和C－A－H 凝胶最终使得泥浆固结。从水泥的反应方程式可以看出水泥水化不但生成了水硬性胶凝物质，同时还有 $Ca(OH)_2$ 的生成，这为整个体系提供了一定的碱性环境。

研究发现，常温下环境的 pH 值小于 13 时，玻璃体结构相对稳定，SiO_2

和 Al_2O_3 很难溶出，当 pH 值大于 13.4 时，玻璃相会被侵蚀导致其网状被破坏，从而有大量的 SiO_2 和 Al_2O_3 溶出。而 $Ca(OH)_2$ 饱和溶液在 25℃ 的 pH 值仅为 12.45，常温下不足以破坏玻璃体结构，因此添加适量的生石灰作为激发剂，CaO 在溶于水时放出很多热量，不仅提高了体系的温度，生成的 $Ca(OH)_2$ 又能参与后续反应，促进了废弃泥浆的激发。同时水玻璃遇水反应生成的氧化硅胶与氢氧化钠也有能增加环境碱度，促进泥浆的解聚。玻璃体解聚后泥浆固结发生的主要反应为

$$CaO + H_2O \longrightarrow Ca(OH)_2$$

$$Ca(OH)_2 + 2SiO_2 + 2H_2O \longrightarrow CaO \cdot 2SiO_2 \cdot 3H_2O$$

$$3Ca(OH)_2 + 3Al_2O_3 + 15H_2O \longrightarrow 3CaO \cdot Al_2O_3 \cdot 6H_2O$$

水玻璃在常温下能与空气中的二氧化碳反应生成碳酸氢钠，而体系中加入生石灰时，混合料内部温度上升，碳酸氢钠会重新分解生成二氧化碳从内部溢出，这使得陶粒内部形成微孔，这些微孔有一部分是完全封闭的，养护成型后，封闭的微孔可以起到“骨料”的作用与周围水硬材料共同组成泥浆基免烧陶粒的强度支撑。而还有一部分与表面连通的微孔可以提升陶粒的比表面积与孔隙率，在生物挂膜中不但有利于微生物的附着，又能防止微生物被水冲刷掉。

4.1.3 免烧陶粒的研究现状

烧结陶粒在制备过程中需要利用高温，这导致烧结陶粒有能耗过大、购置设备成本较大、费用较高等问题。与烧结陶粒相比，免烧陶粒具有不用烧结、制备方式简单、能耗少、生产成本低、原材料更广泛等特点，逐渐代替烧结陶粒成为更为环保的绿色材料。免烧陶粒主要以固体废弃物、市政污泥、河道底泥等为主料，掺入少量水泥、外加剂起到激发、黏结、发气的作用，混合后的固体废弃物在外加剂的作用下其内部的活性成分 SiO_2、Al_2O_3 等被激发，形成具有水硬性的水化硅酸物与水化铝酸物提供陶粒的强度，发气产生的微孔增大陶粒的比表面积和孔隙率。除了常见的化学活化外，免烧陶粒制备中还会采用热活化、机械活化、微波辐照活化等方式激发原材料中的活性物质。

Narattha C 将高钙粉煤灰作为主料，水泥、$Ca(OH)_2$ 作为辅料制备出环境友好型免烧粉煤灰陶粒，通过改变水泥、$Ca(OH)_2$ 的掺量发现随着水泥或 $Ca(OH)_2$ 的加入，粉煤灰陶粒的密度增加，抗压强度增强，吸水率降低，最终得出水泥和 $Ca(OH)_2$ 的最佳掺量分别为 10%和 5%。

Bui L 等在粉煤灰中分别掺入磨细高炉矿渣（GGBS）和稻壳灰（RHA），将碱性活化剂溶液作为轻集料（Na_2SiO_4 和 NaOH 的组合）的润湿剂，制备免烧轻集料（LWA）。再选用 LWA 作为粗集料生产高性能混凝土（HP

LWC)，制得的 HP LWC 性能良好，28d 的抗压强度为 14.8～38.1MPa。

徐悦清等以纺织污泥为主要原料，通过试验分析探究了污泥/水泥比、粉煤灰添加量和养护时间对陶粒性能的影响，最终制备出满足《轻集料及其试验方法　第 2 部分：轻集料试验方法》（GB/T 17431.2—2010）要求的免烧陶粒。通过 SEM 与 XRD 分析可知，污泥基免烧陶粒内部晶体结合紧密，孔隙相对封闭；水化反应生成的水化硅酸钙类晶体组织是泥浆基陶粒的强度来源。

4.2　免烧陶粒制备方法及优化

4.2.1　废弃泥浆基免烧陶粒制备方法

通过不断调整摸索，建筑废弃泥浆基免烧陶粒的制备方法如图 4.1 所示。

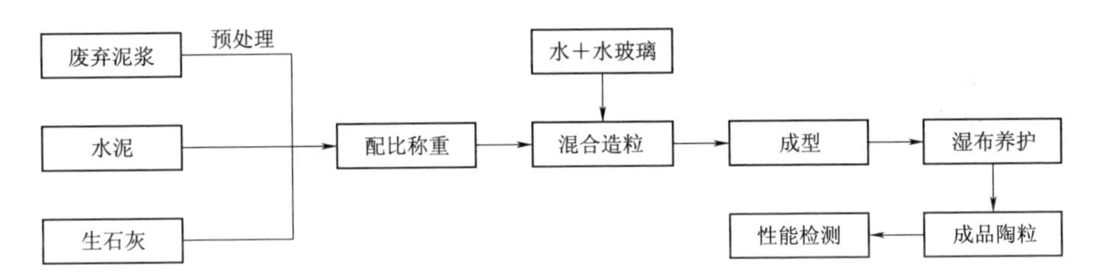

图 4.1　建筑废弃泥浆基免烧陶粒的制备方法

（1）废弃泥浆预处理。废弃泥浆作为制备免烧陶粒的主要原料，本书为定量研究废弃泥浆含量对制得的免烧陶粒性能的影响，正式试验前先将废弃泥浆进行预处理。将泥浆置于 105°烘箱中烘干，随后将烘干后的泥浆用粉碎机粉碎，过 200 目的筛网，方便后面的称重。

（2）免烧陶粒的制备。按照相应配比，将预处理过的泥浆、水泥、生石灰称重后混合均匀，按照生料的质量称取相应的水玻璃粉末溶于对应水灰比的水中，利用造粒机造出粒径约在 7mm 左右的免烧陶粒。

（3）免烧陶粒的养护。造粒成型的免烧陶粒直接暴露于空气中容易使陶粒表面的水分蒸发过快，导致陶粒表面开裂，影响陶粒的基本性能。适宜的湿度可以使混合料中各种成分充分水化从而增强免烧陶粒的早期强度，本试验参考周靖淳等在试验中用到的湿布养护法，即造粒完成后用湿纱布覆盖在免烧陶粒表面，室温下正常养护，并定期在纱布上喷洒水以保证纱布的湿润。

4.2.2　试验材料

1. 建筑废弃泥浆理化性质

本试验所用废弃泥浆取自某施工单位现场钻孔灌注桩产生的废弃泥浆，废弃泥浆的基本情况见表 4.1 和表 4.2，该泥浆外观呈黄褐色，含水率在 83.60%左右，含水率较高；pH 值在 7.62 左右，偏碱性；泥水混合均匀后不易分层，泥浆稳定性较好；从化学成分上来看，泥浆的 SiO_2 含量最多，占比达到了 67.51%，其次是 Al_2O_3，占比为 15.35%，SiO_2、Al_2O_3、Fe_2O_3 这三种成分的含量就达到了总成分的 89.36%。

表 4.1 废弃泥浆基本理化性质

含水率/%	pH 值	相对密度/(g/cm³)	沉降速度/(mm/min)	黏度/s	胶体率/%
83.60	7.21	1.27	3.50	10.71	62

表 4.2 废弃泥浆化学成分

成分	SiO_2	Al_2O_3	Fe_2O_3	K_2O	CaO	MgO	Na_2O	TiO_2
含量/%	67.51	15.35	6.50	3.12	2.41	1.88	1.26	1.01

如图 4.2 所示，废弃泥浆颗粒粒径级配单一，主要分为 0～15μm、15～100μm、100～1000μm 三部分，其中 0～15μm 占 63.04%，15～100μm 占 36.7%，表示该废弃泥浆中含有 99.74%左右的黏土，只有不到 1%的粉砂。有研究指出，粒径小于 15μm 的废弃泥浆分散性好，自然状态下泥水难分离，因此该泥浆在自然状态下很难实现泥水分离，符合常规建筑废弃泥浆的条件。

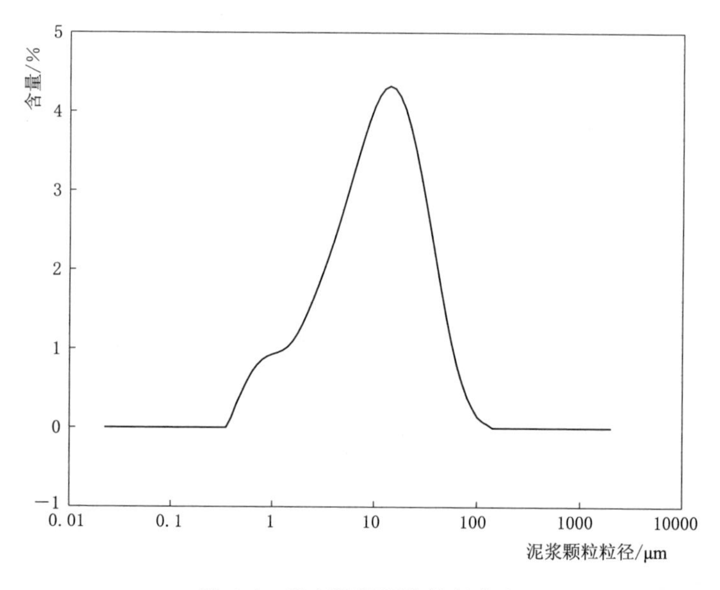

图 4.2 废弃泥浆颗粒粒径分布

2. 辅料的选择

(1) 水泥。水泥是免烧陶粒制备过程中常用的胶结材料，能够提高免烧陶粒的机械强度，增强其在水处理中抗冲击能力和耐水性能。作为高碱性材料，水泥可以侵蚀废弃泥浆中玻璃相成分，使泥浆中游离态 SiO_2、Al_2O_3 更易溶出，提高泥浆活性。而水泥的水化反应和具有的固化效果，对废弃泥浆中的污染物也有一定固化效果。本试验使用的水泥为普通硅酸盐水泥，产自华润水泥厂，标号 P42.5R，其基本性能见表 4.3 和表 4.4。

表 4.3 水泥主要化学成分

成分	CaO	SiO_2	Al_2O_3	Fe_2O_3	MgO	Na_2O
含量/%	38.30	16.23	3.96	3.17	2.56	0.43

表 4.4 水泥物理力学性能检测

品种	安定性雷氏夹	凝结时间/min		抗折强度/MPa		抗压强度/MPa	
		初凝	终凝	3d	28d	3d	28d
P42.5R	合格	>150	<240	>3.5	>6.5	>17	>42.5

（2）生石灰。生石灰作为激发剂，最终对废弃泥浆起激发作用的是 $Ca(OH)_2$，$Ca(OH)_2$ 中的 OH^- 可破解废弃泥浆中的 Si—O、Al—O 键，还提供废弃泥浆中活性物质水化生成水硬性胶凝材料（水化铝酸钙、水化硅酸钙）所需的 Ca^{2+}。生石灰溶于水还会产生热量，促进废弃泥浆的激发，节省养护能耗。本试验使用的生石灰厂家为天津致远化学试剂有限公司，基本信息见表 4.5。

表 4.5 生石灰基本化学性质

CaO 含量/%	乙酸不溶物/%	硝酸盐/%	灼烧失重/%	澄清度试验
≥98	0.05	0.004	2	合格

（3）水玻璃。水玻璃俗称泡沫碱，一种玻璃状熔合物，溶于水后呈透明。水玻璃遇水反应的生成物可以促进废弃泥浆的解聚以及各材料水化产物的形成；水玻璃还具有黏结作用，可增强各个物料间的结合能力，有利于造粒成型。本试验使用水玻璃来自上海麦克林生化科技有限公司生产的粉状速溶硅酸钠，基本信息见表 4.6。

表 4.6 水玻璃基本性质

分子式	分子量	模数	主要物化性质
$Na_2O \cdot 3SiO_2$	242.23	3.10～3.40	白色粉状，能快速溶于水，耐寒

4.2.3 免烧陶粒制备性能优化分析

1. 正交试验方案

为了研究各因素间的相互影响，寻求制备免烧陶粒原料的最佳配方，按照最大化利用建筑废弃泥浆，同时又能生产出可应用于水处理中生物挂膜的较优性能陶粒的原则，在单因素试验的基础上，开展正交优化试验。具体方案如下：

（1）正交优化试验影响因素的确定。由单因素试验看出，免烧陶粒的各项基本性能随水灰比、泥浆/水泥、生石灰添加量、水玻璃添加量的变化表现不够稳定，但在养护时间为21d后，各项基本性能已相对稳定，变化不大。因此固定养护时间21d，将水灰比、泥浆/水泥、生石灰添加量、水玻璃添加量这四个因素选为正交试验因素。

（2）正交优化试验水平数的确定。为优选出吸水率低、含泥量低、强度高的泥浆基免烧陶粒，在单因素试验的水平基础上，从各因素中选出三组水平作为正交试验的水平数。

（3）正交优化试验考核指标的确定。本节旨在找出可应用于水处理中生物挂膜的免烧陶粒，因此在单因素试验的基本性能指标的基础上，增加比表面积这一考核指标，用于评价泥浆基免烧陶粒表面和内部与表面连通的孔隙成型情况。具体设计见表4.7。

表4.7　　正交试验设计

水平	A：水灰比	B：泥浆/水泥	C：生石灰添加量	D：水玻璃添加量
1	0.3	2/1	6%	1%
2	0.35	3/1	10%	2%
3	0.4	4/1	14%	3%

2. 试验结果分析

（1）极差分析。在统计学中，通常用极差分析表示一组数据的波动范围。本节采用极差分析反映各变量的离散程度及变化范围，极差越大说明离散程度越大，通常反映为主要因素，反之反映为次要因素。

由表4.8可以看出$R_C>R_A>R_D>R_B$，说明影响比表面积的主次因素分别为：生石灰添加量，水灰比，水玻璃添加量，泥浆/水泥。即免烧陶粒的比表面积受生石灰添加量的影响最大，受泥浆/水泥的影响最小。免烧陶粒在水处理挂膜的应用中，比表面积大说明微孔密集且孔隙发达，更有利于微生物的挂膜与繁殖，因此在保证其他性能满足要求的情况下，优选出免烧陶粒比表面积最大时的最佳配比。由表4.8可知，$K_{A2}>K_{A1}>K_{A3}$，$K_{B2}>K_{B1}>K_{B3}$，$K_{C1}>K_{C2}>K_{C3}$，$K_{D1}>K_{D3}>K_{D2}$，则最佳的水平组合为：A2B2C1D1，即水灰比为0.35，泥浆/水泥为3/1，生石灰添加量为6%，水玻璃添加量为1%时达到最佳配比。

表 4.8　　废弃泥浆基免烧陶粒比表面积的极差分析

编号		因素				指标
		A：水灰比	B：泥浆/水泥	C：生石灰	D：水玻璃	比表面积/(m^2/g)
1		0.3	2/1	6%	1%	23.41
2		0.3	3/1	10%	2%	21.49
3		0.3	4/1	14%	3%	20.07
4		0.35	2/1	10%	3%	22.36
5		0.35	3/1	14%	1%	22.09
6		0.35	4/1	6%	2%	22.09
7		0.4	2/1	14%	2%	16.93
8		0.4	3/1	6%	3%	21.72
9		0.4	4/1	10%	1%	19.87
比表面积	K_1	21.66	20.90	22.41	21.79	
	K_2	22.18	21.77	21.24	20.17	
	K_3	19.51	20.67	19.70	21.38	
	R	2.67	1.09	2.71	1.62	

由表 4.9 可以看出表观密度的极差值 $R_C > R_A > R_D > R_B$，说明影响表观密度的主次因素分别为：生石灰添加量，水灰比，水玻璃添加量，泥浆/水泥。即免烧陶粒的表观密度受生石灰添加量的影响最大，受泥浆/水泥的影响最小。在实际生产应用中的陶粒的表观密度越小越有利于运输和储存，进而可以降低人力与运输成本，因此在保证其他性能满足要求的情况下，优选出免烧陶粒表观密度最小时的最佳配比。由表 4.9 可知，$K_{A1} > K_{A2} > K_{A3}$，$K_{B3} > K_{B1} > K_{B2}$，$K_{C1} > K_{C2} > K_{C3}$，$K_{D2} > K_{D3} > K_{D1}$，则最佳的水平组合为：A3B2C3D1，即水灰比为 0.4，泥浆/水泥为 3/1，生石灰添加量为 14%，水玻璃添加量为 1%时达到最佳配比。

表 4.9　　废弃泥浆基免烧陶粒表观密度和 1h 吸水率的极差分析

编号	因素				指标	
	A：水灰比	B：泥浆/水泥	C：生石灰	D：水玻璃	表观密度/(kg/m^3)	1h 吸水率/%
1	0.3	2/1	6%	1%	1477.66	26.90
2	0.3	3/1	10%	2%	1415.40	26.10
3	0.3	4/1	14%	3%	1373.01	29.55
4	0.35	2/1	10%	3%	1387.15	26.17

续表

编号		因素				指标	
		A：水灰比	B：泥浆/水泥	C：生石灰	D：水玻璃	表观密度/(kg/m³)	1h吸水率/%
5		0.35	3/1	14%	1%	1332.84	30.65
6		0.35	4/1	6%	2%	1520.01	24.95
7		0.4	2/1	14%	2%	1272.64	35.69
8		0.4	3/1	6%	3%	1386.48	29.88
9		0.4	4/1	10%	1%	1303.94	28.80
表观密度	K_1	1422.02	1379.15	1461.38	1371.48		
	K_2	1413.33	1378.24	1368.83	1402.68		
	K_3	1321.02	1398.99	1326.16	1382.21		
	R	101.00	19.84	135.22	20.47		
1h吸水率	K_1	27.52	29.59	27.24	28.78		
	K_2	27.26	28.88	27.02	28.91		
	K_3	31.46	27.77	31.96	28.53		
	R	4.00	1.82	5.00	0.38		

由表4.9可以看出1h吸水率的极差值$R_C>R_A>R_B>R_D$，说明影响表观密度的主次因素分别为：生石灰添加量，水灰比，泥浆/水泥，水玻璃添加量。即免烧陶粒的表观密度受生石灰添加量的影响最大，受水玻璃添加量的影响最小。在水处理应用当中，如果免烧陶粒的吸水率过大，水分可能会浸入陶粒的内部，导致陶粒表面或内部材料在水的长期浸泡下解体脱落，影响陶粒的各项性能，因此在保证其他性能满足要求的情况下，优选出免烧陶粒1h吸水率最小时的最佳配比。由表4.9可知，$K_{A3}>K_{A1}>K_{A2}$，$K_{B1}>K_{B2}>K_{B3}$，$K_{C3}>K_{C1}>K_{C2}$，$K_{D2}>K_{D1}>K_{D3}$，则最佳的水平组合为：A2B3C2D3，即水灰比为0.35，泥浆/水泥为4/1，生石灰添加量为10%，水玻璃添加量为3%时达到最佳配比。

由表4.10可以看出含泥量的极差值$R_A>R_C>R_D>R_B$，说明影响表观密度的主次因素分别为：水灰比，生石灰添加量，水玻璃添加量，泥浆/水泥。即免烧陶粒的含泥量受水灰比的影响最大，受泥浆/水泥的影响最小。自制废弃泥浆基免烧陶粒中泥浆与其他物料能否完全有效的发生水硬化反应决定了陶粒含泥量这一性能的优劣，因此在保证其他性能满足要求的情况下，优选出免烧陶粒含泥量最小时的最佳配比。由表4.10可知，$K_{A3}>K_{A1}>K_{A2}$，$K_{B1}>K_{B3}>K_{B2}$，$K_{C3}>K_{C2}>K_{C1}$，$K_{D2}>K_{D1}>K_{D3}$，则最佳的水平组合为：

A2B2C1D3，即水灰比为0.35，泥浆/水泥为3/1，生石灰添加量为6%，水玻璃添加量为3%时达到最佳配比。

表4.10　废弃泥浆基免烧陶粒含泥量和解体率的极差分析

编号		因素				指标	
		A：水灰比	B：泥浆/水泥	C：生石灰	D：水玻璃	含泥量/%	解体率/%
1		0.3	2/1	6%	1%	0.50	7.71
2		0.3	3/1	10%	2%	0.57	8.87
3		0.3	4/1	14%	3%	0.72	16.75
4		0.35	2/1	10%	3%	0.27	15.93
5		0.35	3/1	14%	1%	0.37	15.19
6		0.35	4/1	6%	2%	0.37	15.01
7		0.4	2/1	14%	2%	1.59	17.31
8		0.4	3/1	6%	3%	0.63	9.75
9		0.4	4/1	10%	1%	1.23	12.16
含泥量	K_1	0.60	0.79	0.50	0.70		
	K_2	0.34	0.52	0.69	0.84		
	K_3	1.15	0.77	0.89	0.54		
	R	0.81	0.26	0.39	0.30		
解体率	K_1	11.11	13.65	10.82	11.69		
	K_2	15.38	11.27	12.32	13.73		
	K_3	13.07	14.64	16.42	14.14		
	R	4.27	3.37	5.59	2.46		

由表4.10可以看出，解体率的极差值$R_C>R_A>R_B>R_D$，说明影响表观密度的主次因素分别为：生石灰添加量，水灰比，泥浆/水泥，水玻璃添加量。即免烧陶粒的解体率受生石灰添加量的影响最大，受水玻璃添加量的影响最小。强度是评价陶粒性能优劣最重要的指标之一，在水处理应用中，陶粒间的自身重力、相互作用力及水的冲击剪切力都会导致其破碎解体，从而影响后续使用，最终导致出水效果不佳。因此在保证其他性能满足要求的情况下，优选出免烧陶粒解体率最小时的最佳配比。陶粒由表4.10可知，$K_{A2}>K_{A3}>K_{A1}$，$K_{B3}>K_{B1}>K_{B2}$，$K_{C3}>K_{C2}>K_{C1}$，$K_{D3}>K_{D2}>K_{D1}$，则最佳的水平组合为：A1B2C1D1，即水灰比为0.3，泥浆/水泥为3/1，生石灰添加量为6%，水玻璃添加量为3%时达到最佳配比。

(2) 多指标正交试验分析与验证。本次正交试验选取五个指标来评价免烧陶粒的性能，由上面的分析结果可以看到不同的指标对应的最佳配比不完全是一致的，因此在寻求最优试验方案时应该兼顾各个指标，尽可能找出使每项指标都尽可能较优的方案。这里采用秦程在正交试验中用到的综合平衡法进行多指标正交试验结果分析，即先确定对各指标影响较大的因素，后确定最好的水平，最终确定最优方案。

比表面积的最佳配比 A2B2C1D1；表观密度的最佳配比 A3B2C3D1；1h 吸水率的最佳配比 A2B3C2D3；含泥量的最佳配比 A2B2C1D3；解体率的最佳配比 A1B2C1D1；可推出免烧陶粒配合比的最优方案为 A2B2C1D1，即为：水灰比 0.35、泥浆/水泥为 3/1、生石灰添加量 6%、水玻璃添加量 1%。

4.2.4 优选免烧陶粒理化特性研究

1. 优选免烧陶粒的表观性状

如图 4.3 所示，废弃泥浆基免烧陶粒表面呈黄褐色，颗粒大小均匀，直径在 7mm 左右，外表有釉质光泽，个别陶粒表面有发泡破裂后的气孔。外购的对照陶粒表面呈灰色，颗粒大小总体较为均匀，直径为 5～10mm，外表较为粗糙，表面无肉眼可见的气孔。

(a) 废弃泥浆基免烧陶粒　　(b) 对照陶粒

图 4.3 陶粒的表观性状

2. 优选免烧陶粒的理化性能

在水处理应用中，作为微生物挂膜的载体，陶粒性能的优劣在一定程度上决定了水处理效果的好坏。因此将比表面积作为重要参考指标，同时参考《轻集料及其试验方法　第 2 部分：轻集料试验方法》(GB/T 17431.2—2010) 中对粉煤灰陶粒的规定值，检测泥浆基免烧陶粒与对照陶粒的各项性能。检测结果见表 4.11，可以看到用建筑废弃泥浆制备的免烧陶粒性能良好，几乎各项指标都达到了国家标准的要求，只有 1h 吸水率略高于国标。与对照陶粒相比较，自制陶粒的比表面积、筒压强度、孔隙率和含泥量等指标都更优于对照陶粒。本试验所制得的泥浆基免烧陶粒已达到我国规定的轻集料使用标准，可以进入市场。

表 4.11 陶粒的理化性能

项目名称	标准值	自制陶粒	对照陶粒
比表面积/(m^2/g)	—	23.91	17.23
堆积密度/(kg/m^3)	—	798.57	712.94
表观密度/(kg/m^3)	—	1236.99	1078.12
筒压强度/MPa	3.0	3.57	3.15
孔隙率/%	—	35.5	33.88
含泥量/%	≤3	0.21	0.92
1h吸水率/%	20	21.61	17.76

4.2.5 优选免烧陶粒的微观形态、矿物组成及污染物浸出分析

1. 优选免烧陶粒的微观形态分析

如图 4.4 (a)、(b) 和 (c) 所示为优选出的废弃泥浆基免烧陶粒的局部微观形态图，图 4.4 (d) 为外购的对照陶粒的局部微观形态图。由图 4.4 (a) 可以看出，泥浆基免烧陶粒的内部比较疏松，水化产物呈蜂窝状排列，微孔数量较多且分布均匀，这说明泥浆基免烧陶粒在养护过程中有发气现象，内部水分的蒸发伴随着气体从陶粒内部溢出。反观图 4.4 (d)，相同放大倍数下，对照陶粒的内部显得更加致密紧凑，气孔数量也很少，与泥浆基免烧陶粒相比，该对照陶粒对抗水浸入能力较强，吸水率更低，而泥浆基免烧陶粒的比表面积更大，此结论与前面的检测结果一致。

泥浆基免烧陶粒制备过程的结晶产物大致可分为两类：一类是像水化硅酸钙这种结晶度较差的水化产物；另一类是像氢氧钙石和钙矾石这类结晶度较高的水化产物，水化硅酸钙的微观形态多呈针状、蜂窝状、棉絮状等；氢氧钙石主要呈六方片状、层状；钙矾石主要呈针柱状、棒状。图 4.4 (b) 显示泥浆基免烧陶粒内部有许多层状、片状结构，这表示泥浆基陶粒内部生成了结晶度较好的氢氧钙石，这对陶粒强度的提升有积极作用。由图 4.4 (c) 可以看出大量的絮状体、网状体和部分棒状体包裹在块状结构上或分布在其周围，这表明泥浆基陶粒内部有水化硅酸钙和钙矾石类的产物生成，块状结构则是没有充分水化的废弃泥浆的玻璃相物质，而絮状和网状结构的包裹，既可以提高物料间的黏结性能，固定住未反应完全的废弃泥浆，又可以作为骨架结构为免烧陶粒提供强度支撑。

2. 优选免烧陶粒的矿物组成分析

为探究废弃泥浆制备免烧陶粒过程中各种矿物组分的变化，对废弃泥浆和泥浆基免烧陶粒进行了 X 射线衍射分析，图 4.5 是原泥的矿物组分，图 4.6 是泥浆基免烧陶粒的矿物组分。

(a) 废弃泥浆基免烧陶粒局部微观形态（一）

(b) 废弃泥浆基免烧陶粒局部微观形态（二）

(c) 废弃泥浆基免烧陶粒局部微观形态（三）

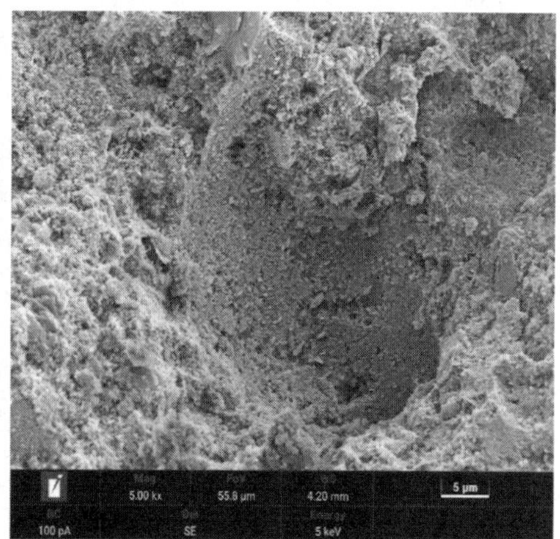

(d) 对照陶粒局部微观形态

图 4.4 陶粒的微观形态

由废弃泥浆的 X 射线衍射图可知原泥中晶体矿物组分的种类相对简单，图中显示石英的衍射峰数目较多且强度最高（特征峰 $2\theta=26.64°$），而石英的主要化学成分为 SiO_2，这说明原泥中含量最多的化学成分为 SiO_2。除了石英外，还能观察到有少量的高岭石、钠长石和水云母。

与图 4.5 相比较，泥浆基免烧陶粒矿物组分的种类有所增加，成分较为复杂。首先可以观察到图 4.6 中对应水云母晶相的衍射峰变强，水云母是云母石的水化产物，其主要化学成分是硅酸盐，具有层状结构，这说明泥浆基免烧陶粒在制备过程中陶粒的混合料之间发生水化反应，生成具有较高强度的水硬性产物，SEM 图中观察到的层状结构也能佐证水化产物的生成。对比图 4.5 还能发现泥浆基免烧陶粒中增加了微斜长石、氢氧化钙和方解石这几种组分，微斜长石属于含钠的硅酸盐类，晶体中一般含有多量的 Na_2O，这说明水玻璃（$Na_2O \cdot 3SiO_2$）中的 Na_2O 在混合料水化过程中起作用促进微斜长石这类硅酸盐的生成，而微斜长石在陶粒内部化学反应中能起到减少混合料干燥收缩和变形的作用，有助于制备出机械性能更优的陶粒。方解石的主要化学成分为 $CaCO_3$，方解石和 $Ca(OH)_2$ 的生成说明混合料中的大多数成分能被激发剂（CaO）激发发生较强的水化反应，这与高淑燕和保凯云等的研究结果一致。

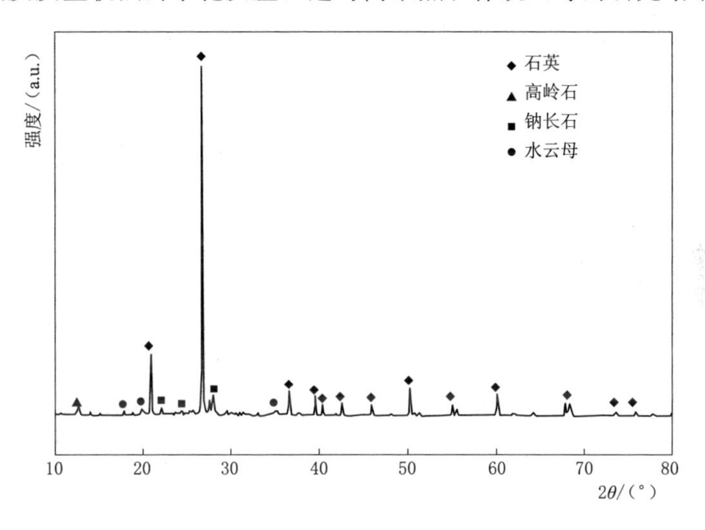

图 4.5 原泥的矿物组分

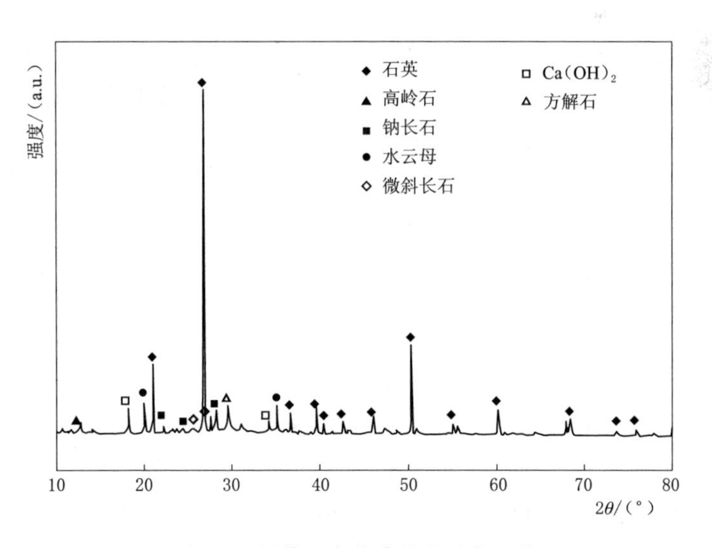

图 4.6 泥浆基免烧陶粒的矿物组分

3. 优选免烧陶粒污染物浸出分析

上面的试验验证了废弃泥浆制备泥浆基免烧陶粒的可行性，但废弃泥浆作为一种固体废弃物，必须要考虑制成的免烧陶粒对原泥中污染物的固化效果如何，以确定泥浆基免烧陶粒在实际应用过程中环境的影响。本试验选取正交试验中优选出的最佳陶粒作为研究对象，以原泥以及在外采购的免烧陶粒作为对照样品，将100g试验样品静态浸泡于500mL的超纯水中，每天监测泥浆基免烧陶粒中COD、TP、NH_4^+—N的浸出量，以考察泥浆基免烧陶粒对水环境的影响情况。为确定试验样品的最大浸出量，防止样品因水中污染物浓度到达一定程度后减缓释放或与陶粒内部污染物呈现动态平衡，因此本试验的水样每24h进行一次更换。

图4.7为陶粒的COD浸出量，由图4.7（a）可知三种样品的浸出量都呈逐渐下降的趋势，原泥、对照陶粒与自制陶粒在第1天浸出量最高，分别为2317.41mg/kg、705.06mg/kg、1606.30mg/kg，第2天的浸出量骤降，不足第1天的50%，第3天到第6天COD的降幅减小，第6天降至最低值，原泥、对照陶粒与自制陶粒的单日浸出量分别为298.89mg/kg、165.56mg/kg、180.37mg/kg。由图4.7（b）可知，自制陶粒的累积浸出量始终低于原泥，高于对照陶粒的浸出量。在第6天时，原泥、对照陶粒与自制陶粒的累积浸出量分别为5550.12mg/kg、2121.73mg/kg、3432.84mg/kg，自制陶粒的COD浸出量较原泥相比减少了38.15%，这说明自制陶粒对COD有一定的固化效果，但是固化效果一般，与市场中应用的同类型免烧陶粒相比COD浸出风险较高。

图4.8为陶粒的TP浸出量，由图4.8（a）可知原泥样品的单日浸出量始终最高，其次是对照陶粒，而自制陶粒的浸出量是最低的。原泥样品的单日浸出量呈持续降低的趋势，对照陶粒与自制陶粒的单日浸出量先降低，第2天起逐渐平稳。原泥、对照陶粒与自制陶粒在第1天浸出量最高值分别为10.79mg/kg、3.92mg/kg、0.84mg/kg；第5天起，对照陶粒和自制陶粒的单日浸出量就降为0mg/kg。由图4.8（b）观察到原泥的累积浸出量始终呈现上升趋势，第6日到达最高值40.10mg/kg，而对照陶粒与自制陶粒的累积浸出量无明显变化，第6日的累积浸出量最高值分别为5.80mg/kg、1.85mg/kg。自制陶粒的TP浸出量较原泥相比减少了95.39%，出现这种现象的原因可能是自制陶粒中未水化完全的CaO和$Ca(OH)_2$与磷酸盐成分发生反应生成磷酸钙沉淀，从而降低了TP的浸出量。与实际应用中的同类型免烧陶粒相比，自制陶粒的TP浸出量更低，对污染物的去除效果好，对水环境的影响更小。

图4.9为NH_4^+—N单日浸出量与累积浸出量变化，由图4.9（a）可知，

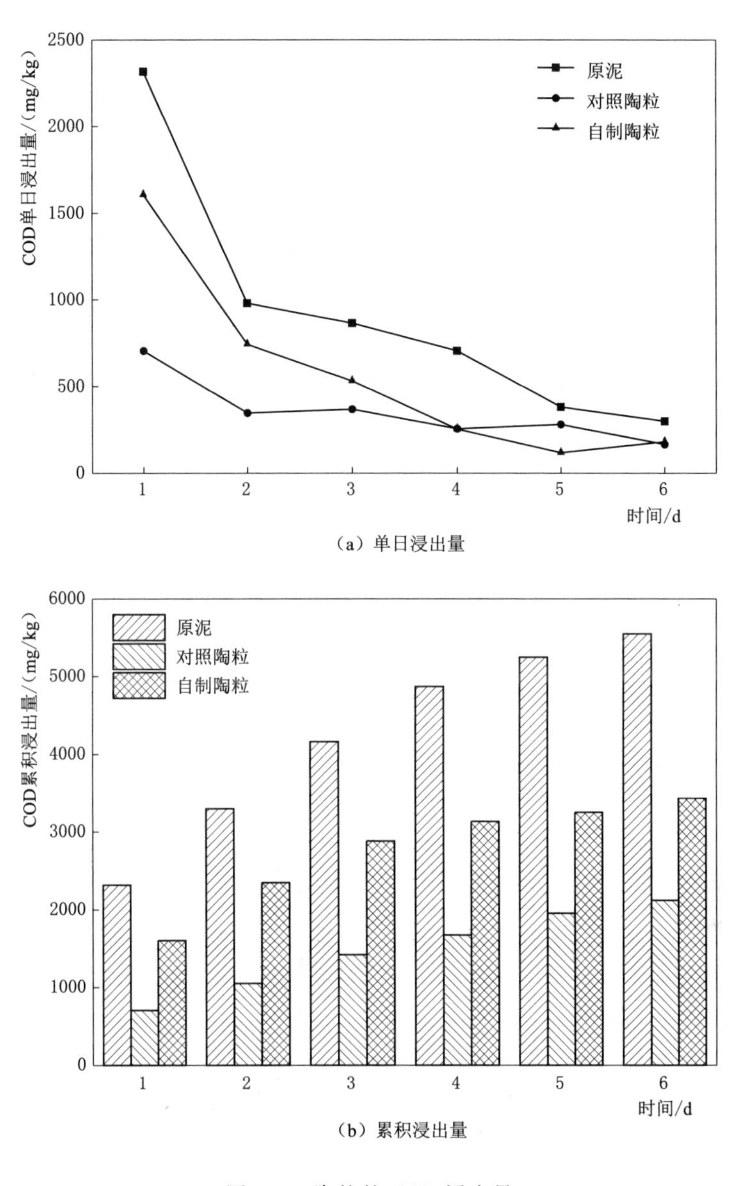

（a）单日浸出量

（b）累积浸出量

图 4.7 陶粒的 COD 浸出量

原泥第 1 天的单日浸出量高达 34.24mg/kg，从第 2 天开始骤降直至变化不大，第 6 日浸出量到达最低值 2.46mg/kg。对照陶粒和自制陶粒的变化趋势相似，6 天内的浸出量都很小，分别从第 1 天的浸出量最大值 2.55mg/kg，2.00mg/kg 降至第 6 天的浸出量最小值 0.19mg/kg，0.19mg/kg。由图 4.9（b）可知，6d 内原泥的累积浸出量逐渐上升，从第 1 天的 34.24mg/kg 上升至第 6 天的

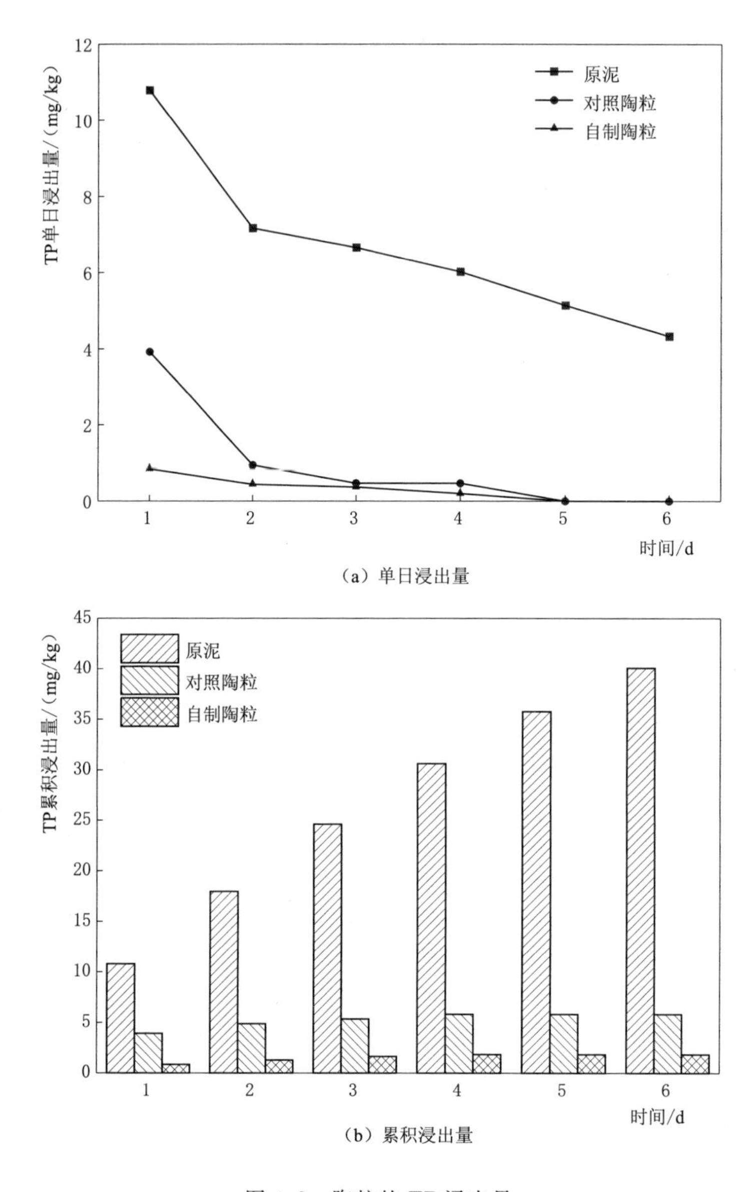

图 4.8 陶粒的 TP 浸出量

54.32mg/kg，而对照陶粒与自制陶粒的上升趋势不明显，分别从第 1 天的 2.55mg/kg，2.00mg/kg 上升至第 6 天的 4.75mg/kg，3.39mg/kg。由此可得自制陶粒的氨氮浸出量较原泥相比减少了 95.76%，且自制陶粒的氨氮浸出量比市场上同类型陶粒的氨氮浸出量更低，说明自制泥浆基免烧陶粒对水环境的影响小，与同类型陶粒相比更具市场竞争力。

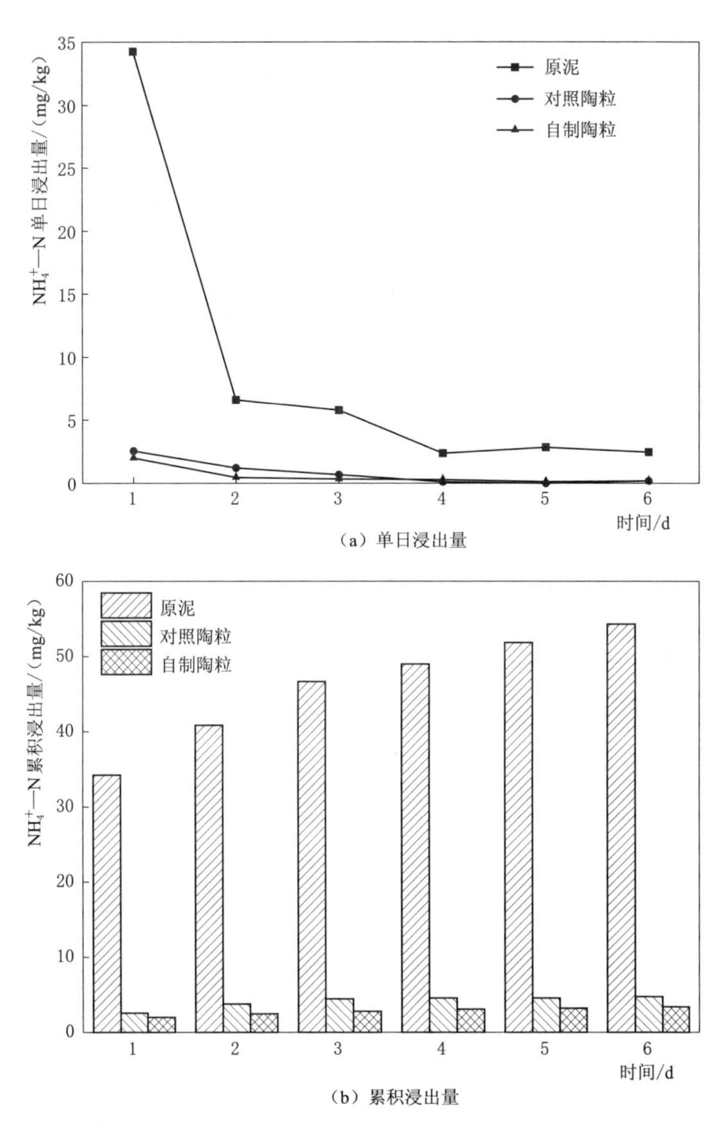

（a）单日浸出量

（b）累积浸出量

图 4.9 NH_4^+—N 单日浸出量与累积浸出量变化

4.3 免烧陶粒影响因素分析

4.3.1 水灰比对免烧陶粒性能的影响

1. 水灰比的配合比设计

水灰比是影响免烧陶粒性能的重要因素之一。为研究不同水灰比对免烧陶粒基本性能的影响，前期开展预试验，固定试验条件：泥浆/水泥为 4/1，生石灰添加量为 10%（指在泥浆和水泥固体质量中的占比），水玻璃添加量为 2%（指在所有固体原料质量中的占比），养护时间 7d，通过调节水灰比观察试验现象。预试验现象见表 4.12。

表 4.12　　　　水灰比改变的预试验现象

水灰比	泥浆/水泥	生石灰添加量	水玻璃添加量	养护时间	预试验现象
0.25	4/1	10%	2%	7d	水分少成型困难，有大量粉末散落
0.30					可成型，有极少量粉末
0.35					易成型，陶粒颗粒外观正常
0.40					易成型，陶粒颗粒外观正常
0.45					易成型，陶粒颗粒外观正常
0.50					可成型，陶粒颗粒表面稍有湿润
0.55					浆体太软，无法成型

由预试验现象可知，水灰比过低时免烧陶粒由于缺少水分成型困难，而水灰比过高又会导致混合物浆体太软无法成型，因此选择水灰比为 0.3、0.35、0.4、0.45、0.5 五水平进行单因素试验。

2. 水灰比对泥浆基免烧陶粒的性能影响研究

由图 4.10（a）和（b）可以看出，随着水灰比的增加，免烧陶粒的表观密度呈逐渐降低趋势，整体降幅达到 14.48%。水灰比为 0.30 时，表观密度最大值为 1582.93kg/m^3，水灰比增至 0.50 时，表观密度到达最低值 1353.73kg/m^3。1h 吸水率和表观密度变化趋势相反，随着水灰比的增加呈逐渐上升趋势。当水灰比为 0.30 时，1h 吸水率最小值为 20.74%，水灰比增至 0.50 时，1h 吸水率到达最大值 27.66%。

由图 4.10（c）和（d）可以看出，随着水灰比的增加，免烧陶粒的含泥量与解体率变化情况相似，都呈现出逐渐增大趋势。水灰比为 0.30 时，含泥量与解体率最小值分别为 1.15%、1.70%，当水灰比增加至 0.50 时，含泥量与解体率分别达到最大值 2.74%、8.72%。值得注意的是，水灰比从 0.40 升至 0.45 时，陶粒的含泥量和解体率增长速率明显增大，水能促进水泥硬化，还可起到一定的黏结作用，满足原料水化反应的水量后，水灰比的持续增加导致陶粒在养护过程中因为水分蒸发而收缩变形，影响陶粒性能，水灰比为 0.4 可能是影响陶粒强度的临界值。

综上所述，水灰比的增加会降低陶粒的表观密度，增大陶粒的 1h 吸水率、含泥量和解体率，为保证制备的陶粒有足够的强度，水灰比在设置范围内应越小越好，即水灰比为 0.3，得到的免烧陶粒表观密度为 1583.93kg/m^3，1h 吸水率为 20.74%，含泥量为 1.15%，解体率为 1.70%。

3. 水灰比与泥浆基免烧陶粒性能的相关性分析

经过相关性分析发现水灰比与免烧陶粒的表观密度、1h吸水率、含泥量和解体率均存在显著相关性（表4.13）。其中水灰比与表观密度之间呈显著负相关（$R=-0.948$），表明在所取的范围内，水灰比的增大会导致表观密度降低。水灰比与1h吸水率、含泥量、解体率呈显著正相关（$R=0.974$、$R=0.946$、$R=0.981$），表明在所取的范围内，水灰比的增大会使1h吸水率、含

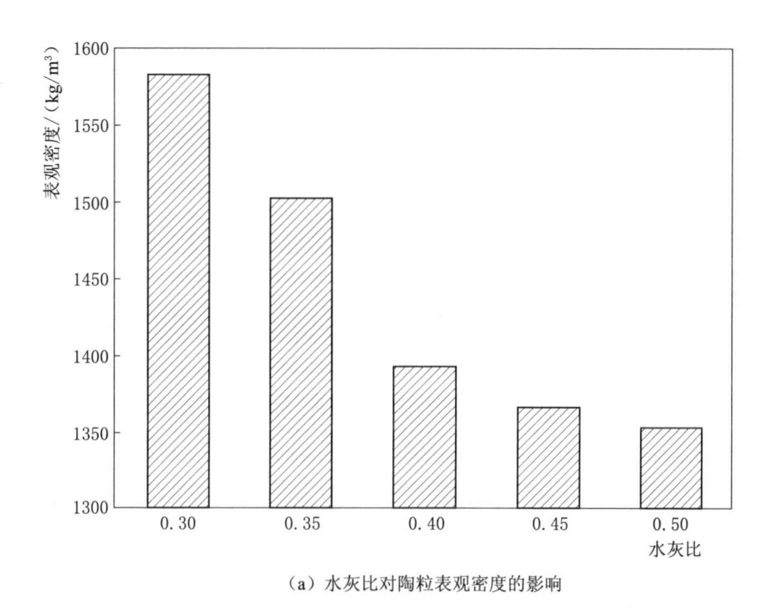

（a）水灰比对陶粒表观密度的影响

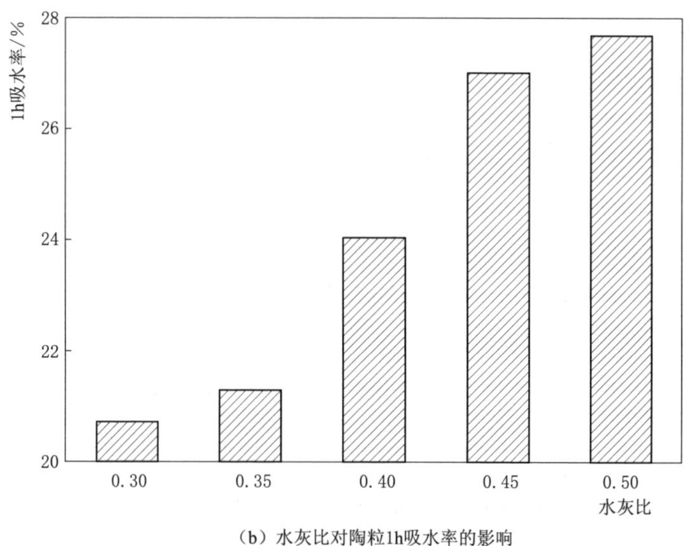

（b）水灰比对陶粒1h吸水率的影响

图4.10（一） 水灰比对陶粒基本性能的影响

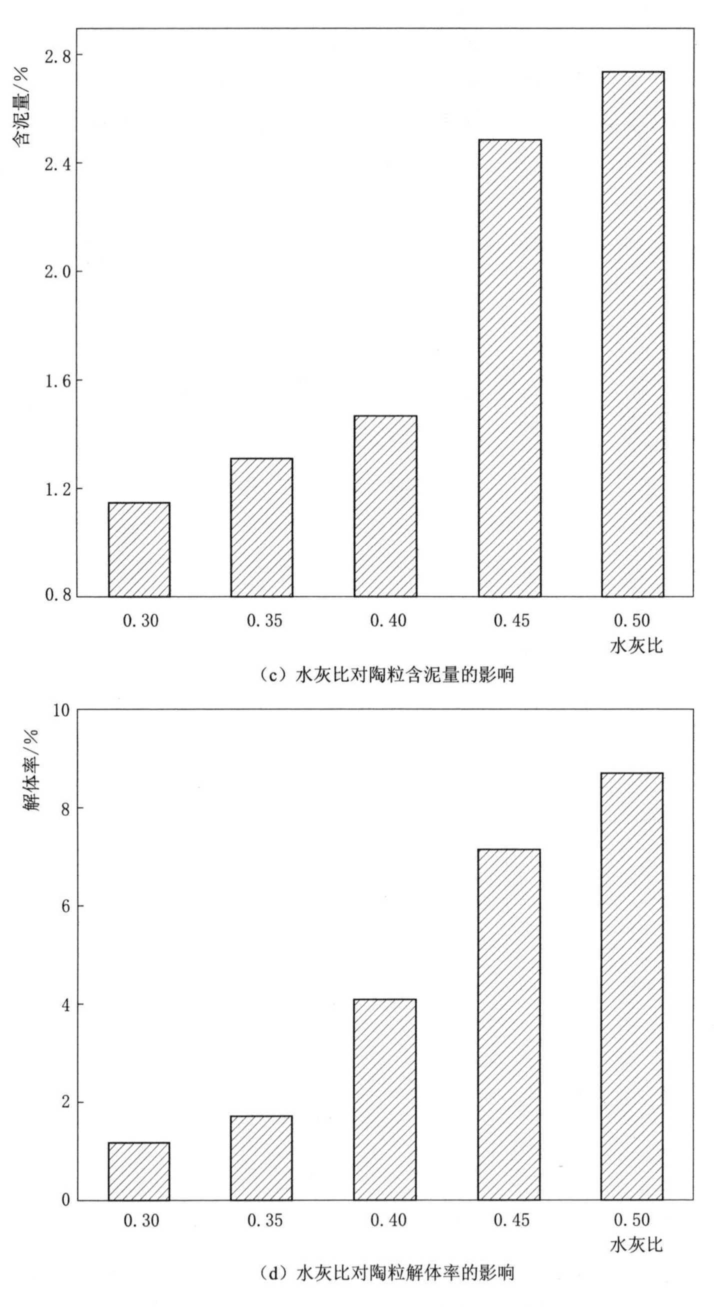

(c) 水灰比对陶粒含泥量的影响

(d) 水灰比对陶粒解体率的影响

图 4.10（二） 水灰比对陶粒基本性能的影响

泥量、解体率上升。通过此表还能看出，表观密度与 1h 吸水率和解体率呈显著负相关（$R=-0.932$ 和 $R=-0.906$），说明在水灰比改变时，表观密度越大，免烧陶粒内部越致密，强度越大，抵抗水的浸入能力越强。

表 4.13　　水灰比与陶粒基本性能的 Pearson 相关系数

指　标	水灰比	表观密度	1h 吸水率	含泥量	解体率
水灰比	1	−0.948*	0.974**	0.946*	0.981**
表观密度		1	−0.932*	−0.830	−0.906*
1h 吸水率			1	0.965**	0.994**
含泥量				1	0.979**
解体率					1

*　在 0.05 级别（双尾），相关性显著。

**　在 0.01 级别（双尾），相关性显著。

4.3.2　泥浆/水泥配合比对免烧陶粒性能的影响

1. 泥浆/水泥配合比设计

泥浆占比是影响废弃泥浆制备出的免烧陶粒性能优劣的重要因素之一。为研究不同泥浆占比对免烧陶粒基本性能的影响，前期开展预试验，固定试验条件：水灰比为 0.4，生石灰添加量为 10%（指在泥浆和水泥固体质量中的占比），水玻璃添加量为 2%（指在所有固体原料质量中的占比），养护时间为 7d，通过调节泥浆/水泥观察试验现象。预试验现象见表 4.14。

表 4.14　　泥浆/水泥配合比改变的预试验现象

水灰比	泥浆/水泥	生石灰添加量	水玻璃添加量	养护时间	预试验现象
0.4	1/1	10%	2%	7d	易成型，养护初期强度高
	2/1				易成型，养护初期强度较高
	3/1				易成型，养护初期强度较高
	4/1				易成型，养护初期有一定强度
	5/1				易成型，养护初期有一定强度
	6/1				能成型，养护初期易破裂
	7/1				养护初期极易破裂，强度低

由预试验现象可得，泥浆/水泥为 1/1 时制备的免烧陶粒虽然强度较高，但泥浆占比太低，无法达到资源化的目的。泥浆/水泥为 7/1 时制备的免烧陶粒初期强度太低，不能正常使用。因此选择泥浆/水泥为 2/1、3/1、4/1、5/1、6/1 五水平进行单因素试验。

2. 泥浆/水泥对泥浆基免烧陶粒的性能影响研究

由图 4.11（a）和（b）可以看出，随着泥浆/水泥的增大，免烧陶粒的表观密度逐步降低，从最初的 1516.78kg/m^3 降低至 1448kg/m^3，且下降幅度比较稳定。水泥是免烧陶粒的主要胶凝材料，水泥添加比例的降低导致各原料间的结合不够密实，复合材料的密度随之降低，这与李雪刚和 Pakbaz 等的研究结果一致。与此相反，1h吸水率则随着泥浆/水泥的增大逐渐上升，由最初的21.87%最终上升至23.36%。其中泥浆/水泥为4/1、5/1、6/1时，1h吸水率上升幅度逐渐趋于平缓。免烧陶粒在养护过程中，废弃泥浆添加比例的上升导致原料结合较为松散，内部空隙增多，抵抗水渗入的能力变差，故吸水率上升。

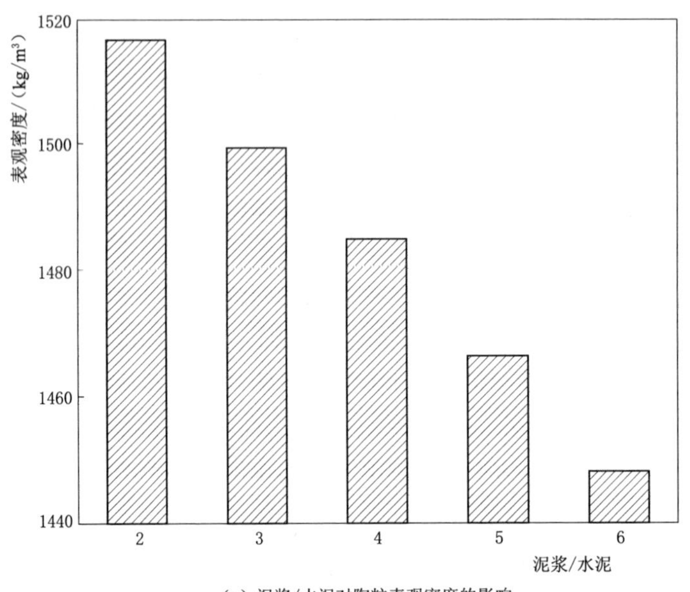

（a）泥浆/水泥对陶粒表观密度的影响

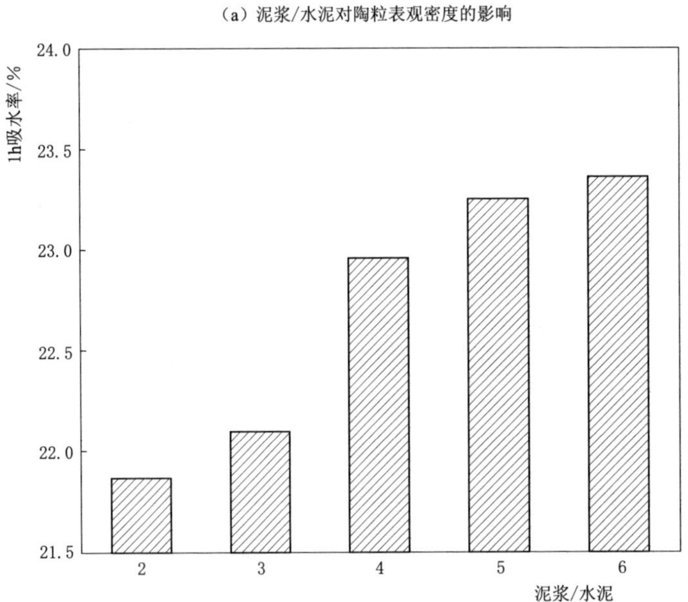

（b）泥浆/水泥对陶粒1h吸水率的影响

图4.11（一） 泥浆/水泥配合比对陶粒基本性能的影响

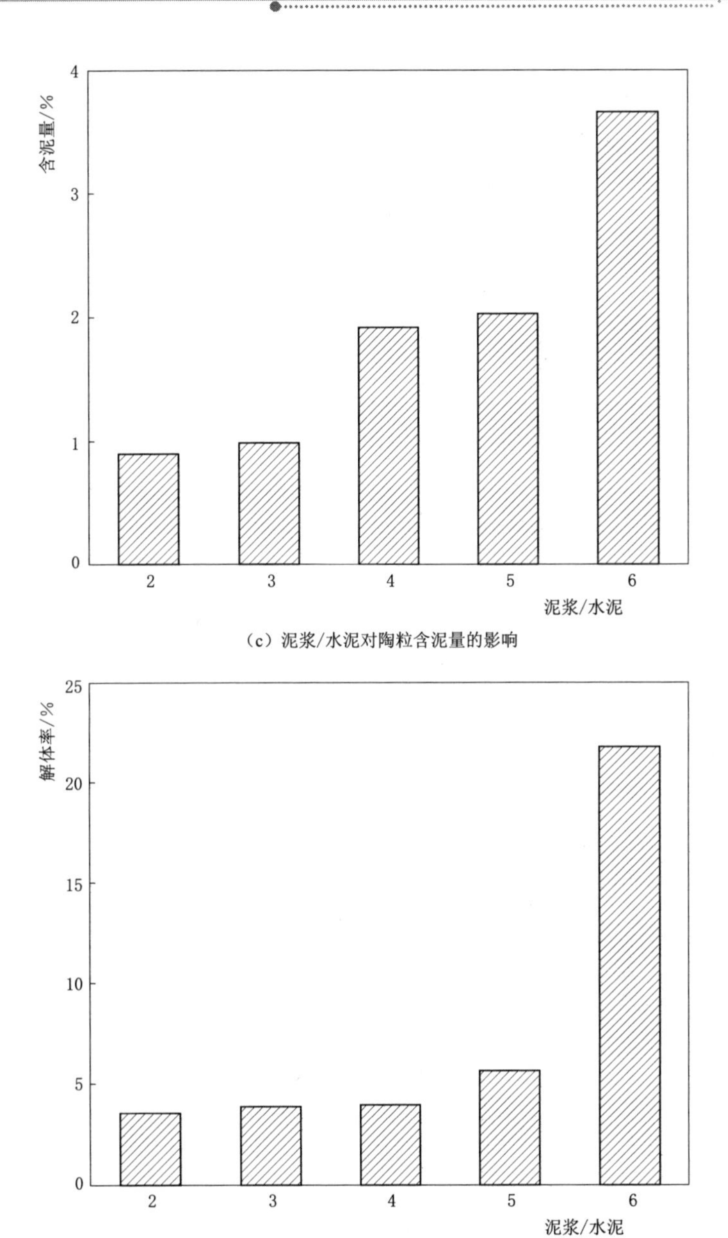

（c）泥浆/水泥对陶粒含泥量的影响

（d）泥浆/水泥对陶粒解体率的影响

图 4.11（二） 泥浆/水泥配合比对陶粒基本性能的影响

由图 4.11（c）和（d）可以看出，随着泥浆/水泥的增大，免烧陶粒的含泥量逐渐增大，由最初的 0.90%增长至 3.66%，其中泥浆/水泥在 3/1～4/1、5/1～6/1 时，增长幅度明显变大，分别增大了 0.94%和 1.63%。这是由于随着水泥占比的降低，无法提供足够的碱性环境使泥浆中的活性物质与水发生反应生成水硬性材料，没有参与反应的泥浆含量到达临界时，更易受水的冲力分散。免烧陶粒的解体率与含泥量的变化较为相似，随着泥浆/水泥的增大，解体率最初由 3.57%先缓慢增长，当泥浆/水泥由 5/1～6/1 时，解体率大幅增至 21.85%。这主要是因为免烧陶粒中胶凝材料组分随着水泥占比的减少而降低，水化胶凝性能也随之降低，导致免烧陶粒的强度明显降低。泥浆/水泥低至临界值 6/1 时，无法产生足够的水化硬化产物提供强度，解体率骤然增大。

综上所述，泥浆占比的增加会降低陶粒的表观密度，增大陶粒的 1h 吸水率、含泥量和解体率，为保证制备的陶粒有足够的强度又能达到资源化的目的，确定泥浆/水泥为 3/1，得到的免烧陶粒表观密度为 1499.5kg/m^3，1h 吸水率为 22.16%，含泥量为 0.98%，解体率为 3.82%。

3. 泥浆/水泥与泥浆基免烧陶粒性能的相关性分析

经过相关性分析发现泥浆/水泥与免烧陶粒的表观密度、1h 吸水率和含泥量存在显著相关性（表 4.15），但与解体率之间的相关性不显著。其中泥浆/水泥与表观密度之间呈显著负相关（$R=-0.999$），说明在所取的比值范围内，泥浆/水泥的增大会降低表观密度，这是因为废弃泥浆本身的密度低于水泥水硬化产物的密度，泥浆占比越高，免烧陶粒整体密度则会降低。而泥浆/水泥与 1h 吸水率和含泥量呈显著正相关（$R=0.959$ 和 $R=0.933$），说明在所取的比值范围内，泥浆/水泥的增大会导致 1h 吸水率和含泥量的增大。在不同泥浆/水泥下，含泥量和解体率呈显著正相关（$R=0.916$），即含泥量的增大会导致解体率也同样增大，这是因为废弃泥浆中的活性物质若没有完全反应生成胶凝材料，免烧陶粒的强度则会下降，解体率随之上升。

表 4.15　泥浆/水泥与陶粒基本性能的 Pearson 相关系数

指　标	泥浆/水泥	表观密度	1h 吸水率	含泥量	解体率
泥浆/水泥	1	−0.999**	0.959**	0.933*	0.768
表观密度		1	−0.947*	−0.936*	−0.787
1h 吸水率			1	0.864	0.605
含泥量				1	0.916*
解体率					1

*　在 0.05 级别（双尾），相关性显著。

**　在 0.01 级别（双尾），相关性显著。

4.3.3 生石灰添加量对免烧陶粒性能的影响

1. 生石灰添加量的配合比设计

生石灰的添加量是影响废弃泥浆制备出的免烧陶粒性能优劣的重要因素之一。为研究不同生石灰添加量对免烧陶粒基本性能的影响，前期开展预试验，固定试验条件：水灰比为 0.4，泥浆/水泥为 4/1，水玻璃添加量为 2%（指在所有固体原料质量中的占比），养护时间为7d，通过调节生石灰添加量（指在泥浆和水泥固体质量中的占比）观察试验现象。预试验现象见表4.16。

表4.16　　生石灰添加量改变的预试验现象

水灰比	泥浆/水泥	生石灰添加量	水玻璃添加量	养护时间	预试验现象
0.4	4/1	0%	2%	7d	能成型，养护初期强度低
		2%			易成型，养护初期强度较好
		6%			易成型，养护初期强度较好
		10%			易成型，养护初期强度较好
		14%			易成型，养护初期强度较好
		18%			养护过程中少量陶粒表面开裂
		22%			养护过程中大量陶粒表面开裂

由预试验现象可得，生石灰添加量为0%时制备的免烧陶粒虽然可以成型，但在养护过程中强度较低，无法投入到正常使用过程中。生石灰添加量为22%时制备的免烧陶粒在养护时发生了表面开裂的情况，导致陶粒的各项性能降低。因此选择生石灰添加量为2%、6%、10%、14%、18%五水平进行单因素试验。

2. 生石灰添加量对泥浆基免烧陶粒的性能影响研究

由图4.12（a）和（b）可以看出，随着生石灰添加量的提升，免烧陶粒的表观密度呈现出先增大后稍许降低的趋势。当生石灰添加比例为10%时，表观密度最大为1429.71kg/m^3，生石灰添加比例为2%时，表观密度最小为1391.81kg/m^3。而与表观密度变化趋势相反，随着生石灰添加量的提升，1h吸水率出现先减小后增大的趋势，生石灰添加比例为10%时到达最小值25.01%，生石灰添加比例为18%时，升至最大值26.96%。生石灰作为激发剂，主要成分为CaO，遇水放热同时生成$Ca(OH)_2$。其中的Ca^{2+}发生水化反应后进入陶粒的骨架中既可以激发废弃泥浆中有效成分的活性，又可以与水泥、废弃泥浆发生反应生成具有很强耐水性的胶凝材料。因此加入适量的生石灰可以促进反应更快更彻底的进行，各组分生成的水化产物和胶凝体结构相对致密，可以连接免烧陶粒内部间的孔隙，对免烧陶粒的表观密度和1h吸水率等性能有较好的提升作用。但生石灰添加过量，则需要更多的水才能发生水化反应，这会使其他化学反应受到抑制，影响胶凝材料的生成，最终导致表观密度下降，1h吸水率上升。

由图4.12（c）和（d）可以看出，随着生石灰添加量的提升，免烧陶粒的含泥量与解体率出现相似的变化规律，都呈现出先降低后增大的趋势，生石灰添加比例为10%时，含泥量与解体率都分别达到最小值0.12%、8.62%。但含泥量的整体变化幅度受生石灰添加量的影响不大，仅为0.41%。产生以上现象的原因在于适量的生石灰遇水后生成 $Ca(OH)_2$，其中的 OH^- 可以破解废弃泥浆中的 Si—O、Al—O 键，激发废弃泥浆的活性，使得废弃泥浆与水泥等其他组分的反应更易生成具有水硬性的胶凝材料，含泥量随之降低，强度得到提升。而生石灰添加过量时，无法完全参加反应的游离氧化钙会使已经硬化的免烧陶粒内部发生局部性膨胀，导致其局部应力增加而容易破裂，降低免烧陶粒的强度，致使其解体率上升。

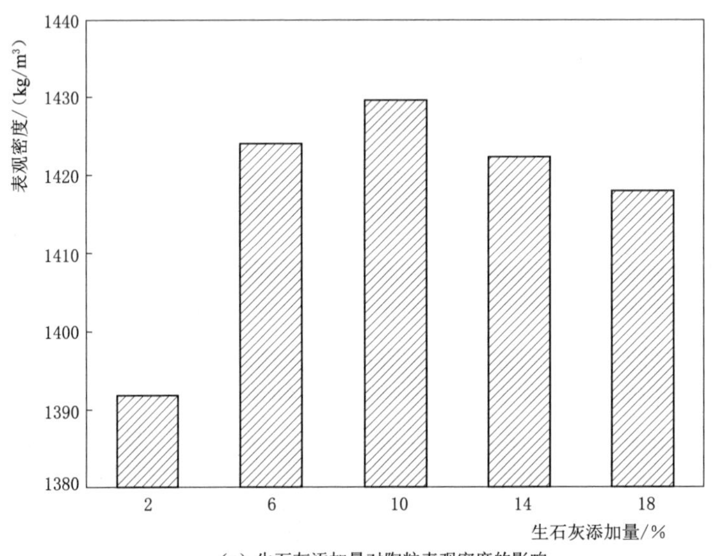

(a) 生石灰添加量对陶粒表观密度的影响

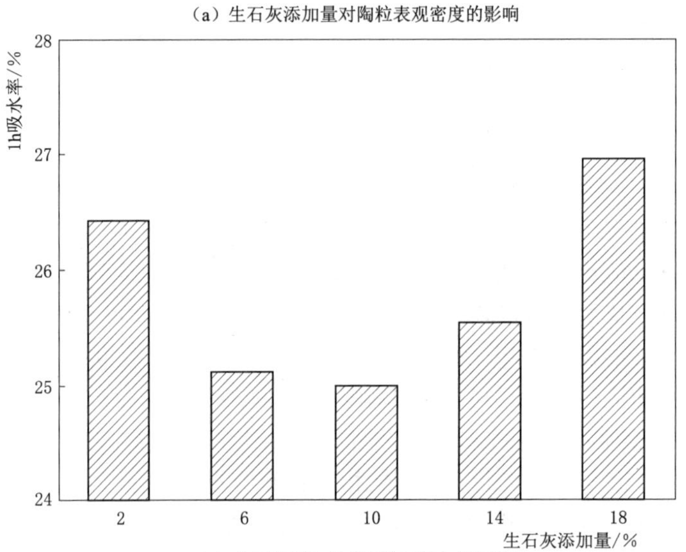

(b) 生石灰添加量对陶粒1h吸水率的影响

图 4.12（一） 生石灰添加量对陶粒基本性能的影响

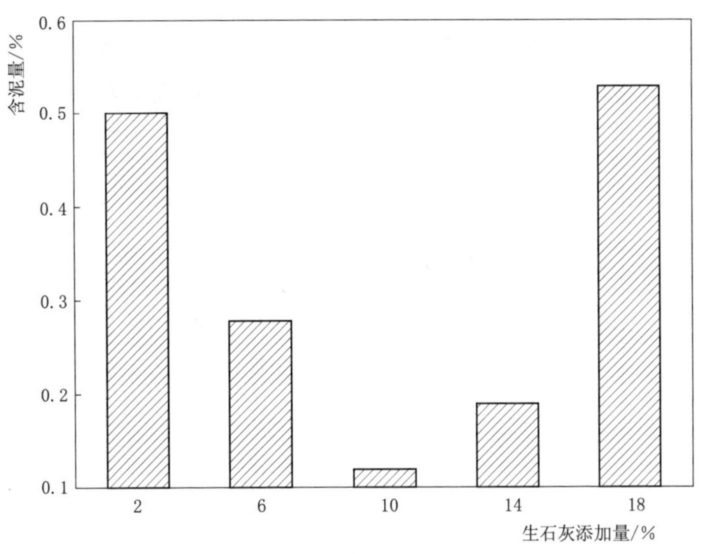

(c) 生石灰添加量对陶粒含泥量的影响

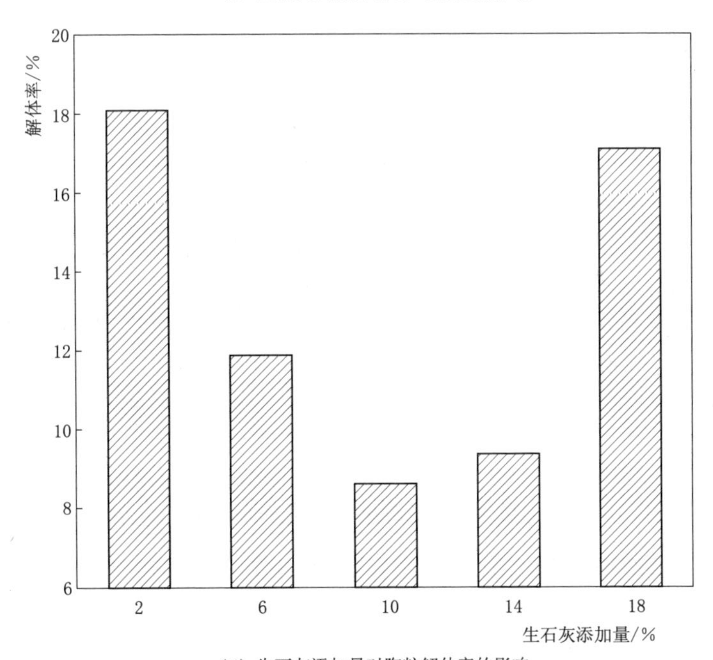

(d) 生石灰添加量对陶粒解体率的影响

图 4.12 (二) 生石灰添加量对陶粒基本性能的影响

综上所述，随着生石灰的加入存在最佳添加比例，即生石灰添加量为10%时制备的陶粒性能最优，得到的免烧陶粒表观密度为 1429.71kg/m^3，1h 吸水率为 25.01%，含泥量为 0.12%，解体率为 8.62%。

3. 生石灰添加量与泥浆基免烧陶粒性能的相关性分析

经过相关性分析发现生石灰添加量与免烧陶粒的表观密度呈显著正相关（R＝0.842）（表 4.17），说明在合适范围内，生石灰添加量的增加对 1h 吸水率的提升有着积极作用。生石灰添加量与免烧陶粒的 1h 吸水率、含泥量和解体率相关性不显著，可能是试验样本数较少的缘故。表中还能看出，不同生石灰添加量下，1h 吸水率与含泥量和解体率呈显著正相关（R＝0.922 和 R＝0.885），表明 1h 吸水率的上升对泥浆活性的激发和免烧陶粒强度的提升起负面作用。

表 4.17　生石灰与陶粒基本性能的 Pearson 相关系数

指　标	生石灰	表观密度	1h 吸水率	含泥量	解体率
生石灰	1	0.842*	0.672	－0.526	－0.662
表观密度		1	－0.618	－0.723	－0.802
1h 吸水率			1	0.922*	0.885*
含泥量				1	0.988**
解体率					1

*　在 0.05 级别（双尾），相关性显著。

**　在 0.01 级别（双尾），相关性显著。

4.3.4　水玻璃添加量对免烧陶粒性能的影响

1. 水玻璃添加量的配合比设计

水玻璃的添加量是影响废弃泥浆制备出的免烧陶粒性能优劣的重要因素之一。为研究不同水玻璃添加量对免烧陶粒基本性能的影响，前期开展预试验，固定试验条件：水灰比为 0.4，泥浆/水泥为 4/1，生石灰添加量为 10%（指在泥浆和水泥固体质量中的占比），养护时间为 7d，通过调节水玻璃添加量（指在所有固体原料质量中的占比）观察试验现象。预试验现象见表 4.18。

表 4.18　水玻璃添加量改变的预试验现象

水灰比	泥浆/水泥	生石灰添加量	水玻璃添加量	养护时间	预试验现象
0.4	4/1	10%	0%	7d	易成型，表面无开裂
			1%		易成型，表面无开裂
			2%		易成型，表面无开裂
			3%		易成型，表面无开裂
			4%		易成型，表面无开裂
			5%		易成型，表面无开裂

由表 4.18 可得，随着水玻璃添加量的改变预试验变化现象并不明显，通过对比相关文献中水玻璃的添加量，选择水玻璃添加量为 0%、1%、2%、3%、4%五水平进行单因素试验。

2. 水玻璃添加量对泥浆基免烧陶粒的性能影响研究

由图 4.13（a）和（b）可以看出，水玻璃的添加比例由 0%等比例增至 4%。免烧陶粒的表观密度在添加比例为 1%时增到最大值为 1406.42kg/m^3，随后逐渐降低，当添加比例为 4%时，降至最低值 1380.38kg/m^3。随着水玻璃的添加比例逐渐上升，免烧陶粒的 1h 吸水率先降低后逐渐上升。当水玻璃的添加比例为 0%时，吸水率最大值为 26.15%。水玻璃添加比例为 1%时，吸水率最小值为 25.46%。出现这个结果的原因是水玻璃与水的生成物会与原料中的 Ca^{2+}、Na^{+} 反应，促进水硬化胶凝材料的产生，填充在免烧陶粒的孔隙中。因此加入水玻璃后免烧陶粒的表观密度整体得到提升，1h 吸水率下降。Na_2SiO_3 与空气中的 CO_2 反应生成 Na_2CO_3，而 Na_2CO_3 在生石灰遇水放热时又会分解释放出 CO_2，有助于陶粒中气孔的形成。当水玻璃添加过量时，发气速度过快，短时间内陶粒内部会产生更多的气体，免烧陶粒体积会略微膨胀。内部连通孔变多，表观密度降低，1h 吸水率增加。

由图 4.13（c）和（d）可以看出，免烧陶粒的含泥量和解体率呈现相似的变化规律，即随着水玻璃添加比例的增大先降低后上升。当水玻璃的添加比例为 0%时，含泥量和解体率分别达到最大值 1.36%、9.94%。当水玻璃的添加比例为 1%时，含泥量和解体率分别达到最小值 0.86%、5.95%。水玻璃属于强碱，与各个原料混合会改变反应环境的碱度，有利于消除废弃泥浆内部的玻璃相，加快废弃泥浆解离，使具有活性的 SiO_2、Al_2O_3 变成游离态与 CaO 等其他成分生成较为稳定的矿物凝胶成分，溶于水的水玻璃具有一定的黏结性，可增强各原料间的结合能力，从而降低免烧陶粒的含泥量与解体率。当水玻璃添加过量时，碱度过高，陶粒体系中过量的 OH^{-} 会使物料变得稀疏流化，导致含泥量和解体率回升。

综上所述，随着水玻璃的加入存在最佳添加比例，即水玻璃添加量为 1%时制备的陶粒性能最优，得到的免烧陶粒表观密度为 1406.42kg/m^3，1h 吸水率为 25.46%，含泥量为 0.86%，解体率为 5.95%。

3. 水玻璃添加量与泥浆基免烧陶粒性能的相关性分析

经过相关性分析发现水玻璃与免烧陶粒的表观密度和 1h 吸水率存在显著相关性（表 4.19），与含泥量和解体率相关性不显著。其中水玻璃与表观密度呈显著负相关（$R=-0.937$），表明在设定的添加范围内，表观密度随着水玻璃的添加量的增加而降低。水玻璃与 1h 吸水率呈显著正相关（$R=0.962$），表明在设定的添加范围内，水玻璃的增加会引起 1h 吸水率的上升。含泥量和

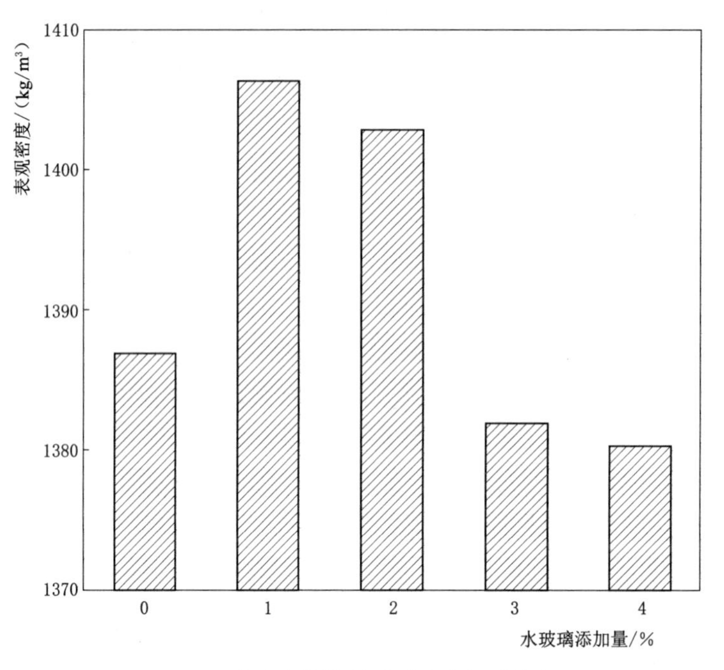

(a) 水玻璃添加量对陶粒表观密度的影响

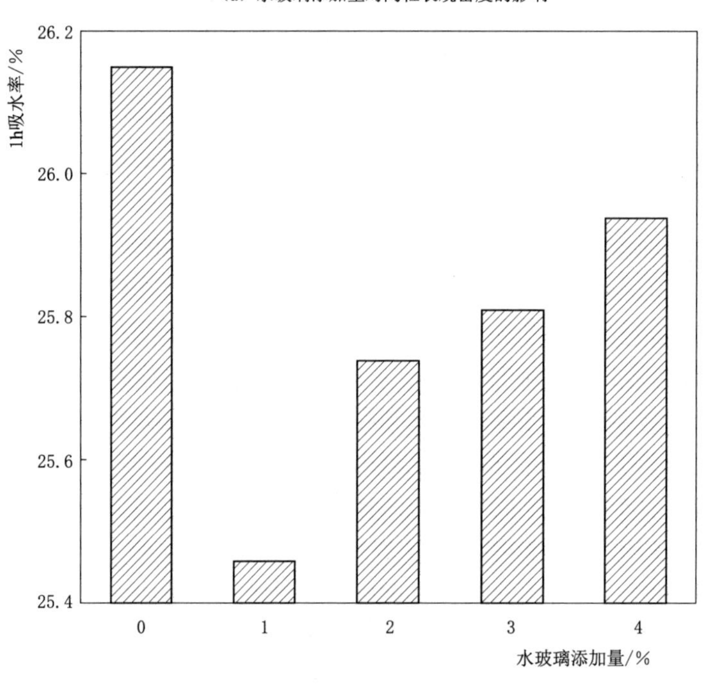

(b) 水玻璃添加量对陶粒1h吸水率的影响

图 4.13 (一) 水玻璃添加量对陶粒基本性能的影响

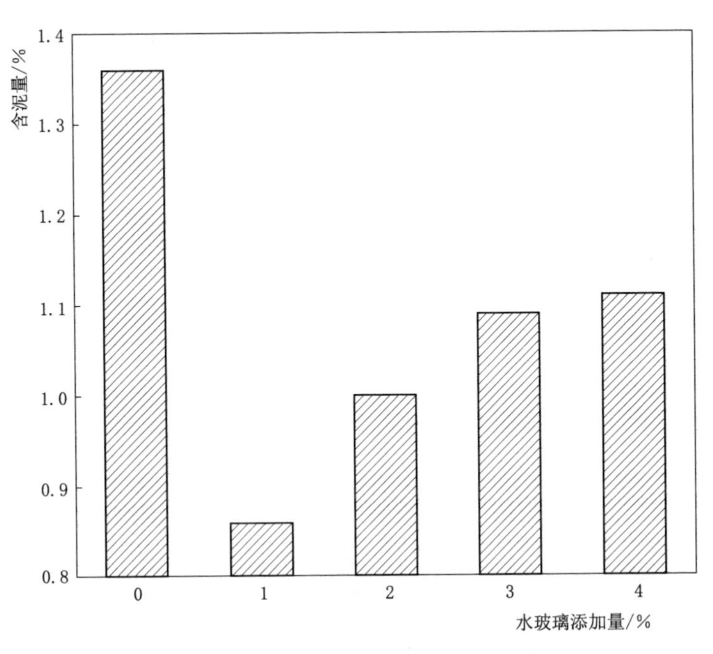

(c) 水玻璃添加量对陶粒含泥量的影响

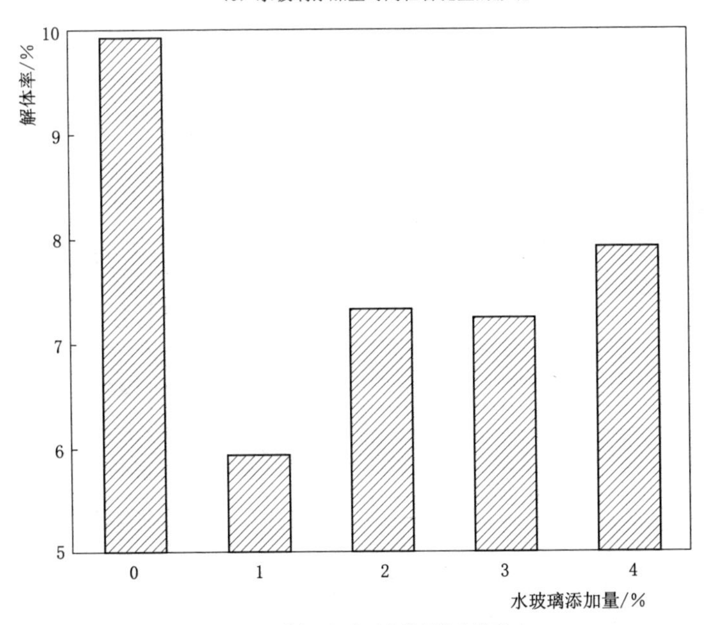

(d) 水玻璃添加量对陶粒解体率的影响

图 4.13（二） 水玻璃添加量对陶粒基本性能的影响

解体率与水玻璃的相关性系数虽然分别为 0.941 和 0.946，但相关性却不显著，原因可能是样本数较少，结果不明显。从表中还能看到在水玻璃添加量不同的情况下，1h 吸水率与解体率呈显著正相关（$R=0.971$），这说明免烧陶粒内部连通孔过多影响 1h 吸水率上升，而 1h 吸水率的上升最终会导致免烧陶粒的强度降低，影响免烧陶粒的性能。

表 4.19　　水玻璃与陶粒基本性能的 Pearson 相关系数

指标	水玻璃	表观密度	1h 吸水率	含泥量	解体率
水玻璃	1	−0.937*	0.962*	0.941	0.946
表观密度		1	−0.851	−0.907	−0.665
1h 吸水率			1	0.777	0.971*
含泥量				1	0.640
解体率					1

* 在 0.05 级别（双尾），相关性显著。

4.3.5 养护时间对免烧陶粒性能的影响

1. 养护时间的配合比设计

养护时间是影响废弃泥浆制备出的免烧陶粒性能优劣的重要因素之一。为研究不同养护时间对免烧陶粒基本性能的影响，前期开展预试验，固定试验条件：水灰比为 0.4，泥浆/水泥为 4/1，生石灰添加量（指在泥浆和水泥固体质量中的占比）为 10%，水玻璃添加量为 2%（指在所有固体原料质量中的占比），通过改变养护时间观察试验现象。预试验现象见表 4.20。

表 4.20　　养护时间改变的预试验现象

水灰比	泥浆/水泥	生石灰添加量	水玻璃添加量	养护时间	预试验现象
0.4	4/1	10%	2%	1d	解体测试时大量泥浆溶出，强度低
				3d	解体测试有少量泥浆溶出
				7d	解体测试正常，极少量泥浆溶出
				14d	解体测试正常，有一定强度
				21d	解体测试正常，有一定强度
				28d	解体测试正常，有一定强度
				35d	解体测试正常，有一定强度

由预试验现象可得，养护时间为 1d 时制备的免烧陶粒极易解体且有大量的泥浆溶出，强度很低，无法正常使用。从 14d 以后，免烧陶粒的解体测试基本正常且 14d、21d、28d、35d 试验现象变化不大。考虑到水泥的养护成型期一般为 28d，因此选择养护时间为 3d、7d、14d、21d、28d 五水平进行单因素试验。

2. 养护时间对泥浆基免烧陶粒的性能影响研究

由图 4.14（a）和（b）可以看出，免烧陶粒的表观密度呈逐渐上升趋势，从养护第 3 天的 1350.92kg/m^3 增至养护第 28 天时的 1452.31kg/m^3。其中前 14d 上升趋势非常明显，第 14 天后上升趋势逐渐放缓。而 1h 吸水率则与表观

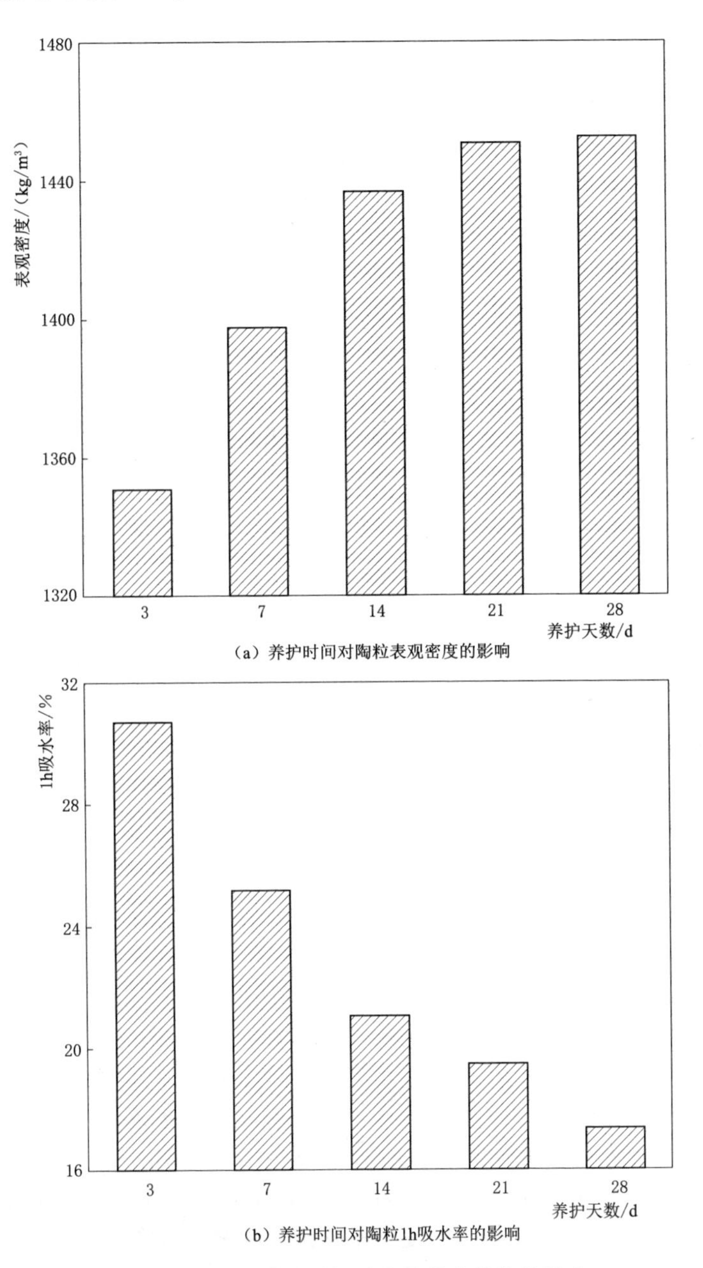

（a）养护时间对陶粒表观密度的影响

（b）养护时间对陶粒1h吸水率的影响

图 4.14（一） 养护时间对陶粒基本性能的影响

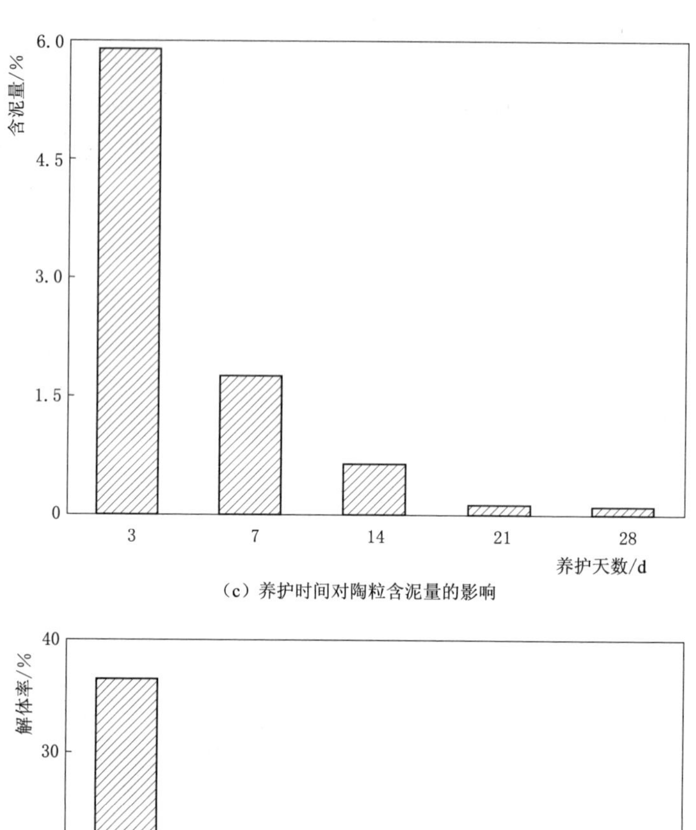

（c）养护时间对陶粒含泥量的影响

（d）养护时间对陶粒解体率的影响

图 4.14（二） 养护时间对陶粒基本性能的影响

密度相反，随着养护时间增加，呈逐步下降趋势，由最大值 30.73%下降至最小值 17.36%，前 14d 下降幅度较为明显为 9.69%，后 14d 下降幅度 3.68%。水泥的充分硬化即养护成型期一般为 28d，随着养护时间的延长，免烧陶粒内部水泥、泥浆、生石灰等各组分发生水化反应从液相逐渐凝固，生成具有水硬性的胶凝材料，填充免烧陶粒的孔隙，阻止水分浸入陶粒内部。

由图4.14（c）和（d）可以看出，随着养护天数增加，免烧陶粒的含泥量与解体率的变化规律相似，都呈下降趋势，含泥量与解体率分别从最大值5.92%、36.33%下降至最小值0.11%、0.54%。前21d下降趋势明显，降幅分别为5.78%、35.71%，21d往后变化不明显。表明经过21d的养护，废弃泥浆内部的活性矿物成分在水泥、生石灰及水玻璃的共同作用下基本反应完全，且生成物硬化效果较好，含泥量与解体率总体处于较低水平。

综上所述，养护时间的增加会增大陶粒的表观密度，降低陶粒的1h吸水率、含泥量和解体率，为保证制备的陶粒有足够的更好的性能且缩短陶粒生产周期，确定养护时间为21d，得到的免烧陶粒表观密度为1450.75kg/m^3，1h吸水率为19.48%，含泥量为0.14%，解体率为0.62%。

3. 养护时间与泥浆基免烧陶粒性能的相关性分析

经过相关性分析发现养护天数与免烧陶粒的表观密度和1h吸水率存在显著相关性（表4.21），与含泥量和解体率相关性不显著。其中养护天数与表观密度之间呈显著正相关（$R=0.919$），表明免烧陶粒的表观密度随着养护天数的延长而增大。养护天数与1h吸水率呈显著负相关（$R=-0.960$），表明随着养护天数的增长，1h吸水率也呈增长趋势。产生这种现象的原因主要是水泥的充分硬化即养护成型期一般为28d，随着养护天数的增加水泥及其他成分不断发生反应生成胶凝物使得表观密度上升，1h吸水率降低。表中还能得出不同养护周期下免烧陶粒的1h吸水率和含泥量以及解体率呈显著正相关（$R=0.952$和$R=0.937$），免烧陶粒尚未养护成型时，1h吸水率的上升会导致陶粒强度降低，更易在水的剪切力等其他应力作用下解体，进而又使尚未完全反应的泥浆浸出，含泥量上升。表中含泥量与解体率呈显著正相关（$R=0.998$）也能佐证这个观点。

表4.21　养护时间与陶粒基本性能的Pearson相关系数

指标	养护时间	表观密度	1h吸水率	含泥量	解体率
养护天数	1	0.919*	−0.960**	−0.844	−0.814
表观密度		1	−0.989**	−0.986**	−0.977**
1h吸水率			1	0.952*	0.937*
含泥量				1	0.998**
解体率					1

*　在0.05级别（双尾），相关性显著。

**　在0.01级别（双尾），相关性显著。

4.4 免烧陶粒性质指标及其检测方法

4.4.1 表观密度

将免烧陶粒烘干后称取质量约100g记为m，随后把称取的陶粒完全浸入水中，1h后取出倒入2.36mm的筛网中筛水1～2min，然后放在拧干的湿毛巾上，捏住湿毛巾两端，使陶粒在毛巾内滚动8～10次，随后将陶粒倒入盛有500mL清水的1000mL量筒中，确保陶粒完全浸入水中，读取量筒的读数记为V，则免烧陶粒的表观密度为

$$\rho=\frac{m\times 1000}{V-500} \tag{4.1}$$

式中 ρ——免烧陶粒的表观密度，kg/m^3；

m——称取烘干免烧陶粒的质量，g；

V——免烧陶粒和水的总体积，mL。

以两次测定值的算术平均值作为试验结果，如两次测定值之差大于平均值的2%时，应重新取样进行试验。

4.4.2 1h吸水率

将免烧陶粒烘干后称取质量约300g，将300g大致均匀分成三等份，分别称取质量记为m_1，随后将三份陶粒分别完全浸入水中1h后取出，然后放在拧干的湿毛巾上，捏住湿毛巾两端，使陶粒在毛巾内滚动8～10次后称取质量为m_2，则免烧陶粒的1h吸水率为

$$\omega=\frac{m_2-m_1}{m_1\times 100\%} \tag{4.2}$$

式中 ω——免烧陶粒1h吸水率,%；

m_1——烘干免烧陶粒的质量，g；

m_2——浸水免烧陶粒的质量，g。

以三次测定值的算术平均值作为试验结果。

4.4.3 含泥量

称取质量约100g经过烘干后的免烧陶粒记为m_1，随后将陶粒浸入水中静置12h，12h后搅拌水与陶粒混合物5min，使泥土和尘屑与陶粒在水中分离，将水与免烧陶粒一起过75μm的筛网，用水流冲洗筛网上的物质，直至筛网上看不到有泥土以及冲洗后的水变得清澈为止，将筛网上的剩余物放入烘箱烘至恒重，取出冷却后至室温后称量质量记为m_2，免烧陶粒的含泥量为

$$\gamma=\frac{m_1-m_2}{m_1\times 100\%} \tag{4.3}$$

式中 γ——免烧陶粒的含泥量，%；

m_1——冲洗前陶粒的干燥质量，g；

m_2——冲洗并干燥后陶粒的质量，g。

以两次测定值的算术平均值作为试验结果，如两次测定值之差大于平均值的 2%时，应重新取样进行试验。

4.4.4 解体率

解体率检测方法参考《陶粒性能指标评价体系建立及净水效能研究》，用来模拟免烧陶粒在应用中受自身重力及水的剪切力等的影响，是衡量陶粒强度的指标。

将免烧陶粒放入 105°烘箱内烘干至恒重，冷却后称取质量约为 30g 的陶粒记为 m_1，将陶粒倒入盛有 250mL 清水的 500mL 烧杯里，放在磁力搅拌器上以最高速搅拌 1h，1h 后冲洗掉陶粒表面的尘屑和泥土直至冲洗后的水澄清为止，将冲洗后的陶粒放入 105°烘箱中烘至恒重，冷却后称量质量记为 m_2，则免烧陶粒的解体率为

$$\delta=\frac{m_1-m_2}{m_1\times100\%} \tag{4.4}$$

式中 δ——免烧陶粒的解体率，%；

m_1——搅拌前陶粒的干燥质量，g；

m_2——搅拌并干燥后陶粒的质量，g。

以两次测定值的算术平均值作为试验结果，如两次测定值之差大于平均值的 2%时，应重新取样进行试验。

4.5 免烧陶粒在水处理中的应用

4.5.1 免烧陶粒在水处理领域的作用

近年来，免烧陶粒除了应用于建筑行业以外，其在水处理领域发挥的作用也受到越来越多的关注。在生物膜法污水处理的工艺中，附着在填料上的微生物通过吸收和分解污水中的物质得以生长繁殖，进而达到净化水质的目的。因此，微生物的生长状况决定了生物膜法的去除效果，而填料作为生物膜赖以生存的载体，直接影响到生物膜的生长、繁殖、脱落、活性状况，性能直接影响和制约着水处理工艺的处理效率。可以说，生物膜法污水处理工艺的核心是填料。

人造免烧陶粒由于强度大、抗水力冲击、抗水力剪切、微生物亲和能力强且与天然填料相比具有更大的比表面积和更高的孔隙率，近年来在水处理方面主要被用于充当过滤材料和膜生物处理工艺中的生物载体。填料在水处理中的

作用主要体现在以下几个方面。

1. 微生物载体

免烧陶粒在生物膜法中最主要的作用就是充当微生物的载体，便于微生物的附着。免烧陶粒由于具备较大的比表面积和孔隙率，有利于微生物的固定且可以帮助微生物阻挡水流的冲击，防止生物膜的脱落。

2. 吸附与截留

免烧陶粒有较好的吸附性能，对印染废水、氨氮含量高的污水有一定的吸附效果；同时免烧陶粒作为填料对污水中存在的悬浮物也有一定的截留作用，不仅提高了污水悬浮物的去除率，又能保证老化脱落的生物膜不会随着出水流出。

3. 增加水中溶解氧

在好氧膜生物反应器中通常需要人工曝气来增加水中溶解氧的含量，免烧陶粒作为填料，对曝气产生的气泡具有一定切割作用，大量填料的堆积又增加了气泡与水和陶粒的接触时间，进而促进溶解氧的增加。因此填料的存在强化了溶解氧、微生物、污水三者之间的接触。

4. 提高反应器中活性污泥浓度

和不投加填料相比，投加的填料既可以增加了反应器中微生物的总量，又有利于微生物附着成膜，进而提高微生物的活性。

4.5.2 免烧陶粒在污水处理中生物挂膜效果的评价分析

搭建两个条件相同的曝气生物反应器，分别以泥浆基免烧陶粒与市面上应用于水处理的免烧陶粒作为填料进行微生物挂膜试验，通过比较两种陶粒的挂膜速度、出水水质以及运行状态，对泥浆基免烧陶粒在污水处理中的实际应用效果进行客观评价。

1. 曝气生物滤池反应器装置

采用的生物挂膜反应器如图4.15所示，反应器高450mm，内径80mm，反应器的有效容积为2L，反应器下面为进水口，上面为出水口，反应器最底部放置一个曝气头，曝气量的调节范围为0～2.5L/min，曝气头上部放置免烧陶粒填料，反应器出水口位置放置一个溶解氧检测仪，用来实时监测水中溶解氧的变化。为了防止反应器底部曝气头的曝气量过大，气泡冲刷对免烧陶粒表面生物挂膜产生不利影响，如图4.15（b）所示，在曝气头与免烧陶粒填料之间固定一个圆盘，圆盘上有很多规律排列的小孔，可以将曝气头产生的大气泡分散成均匀的小气泡，一方面减少了气泡对填料的冲击作用，降低陶粒的损坏率并有利于微生物挂膜；另一方面增大了气泡与水的接触面积，保证水里具有足够的溶解氧。

（1）反应器参数设置。本试验搭建的曝气生物反应器如图4.15所示，为

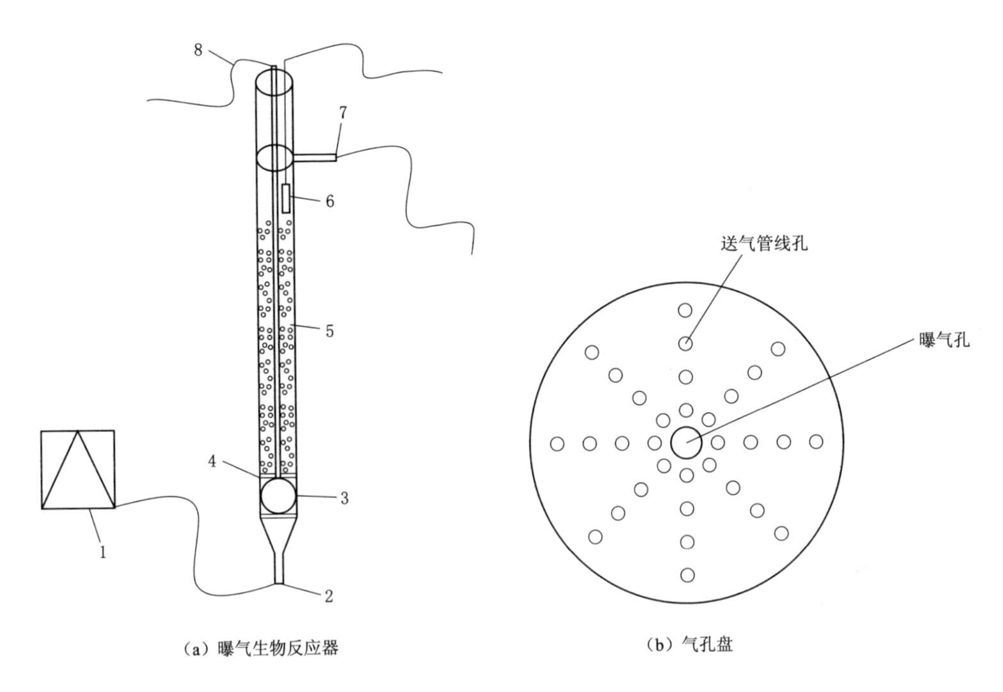

(a) 曝气生物反应器

(b) 气孔盘

图 4.15 生物挂膜反应器

1—蠕动泵；2—进水口；3—曝气头；4—气孔盘；5—免烧陶粒；6—溶解氧检测仪；7—出水口；8—送气管线

客观进行对照试验，两个反应器的构造、进水水质及其他运行条件均保证完全相同。曝气生物反应器运行基本参数见表 4.22。

表 4.22 曝气生物反应器运行基本参数

进出水方向	进气位置	填料高度/cm	进水流速/(L/h)	水力停留时间/h	曝气量/(L/h)
下进上出	底部曝气	40	0.25	8	60

反应器采用下面进水、上面溢流出水，填料层下部曝气，气和水同向流的运行方式，这种进出水方式有利于污水与陶粒填料充分接触，提高了污染物的去除效率；底部曝气的方式有利于增加水中的溶解氧含量，使气水分布较为均匀，也能将底部的悬浮物被带到反应器中上部。反应器的有效容积为 2L，进水流速 0.25L/h，水力停留时间为 8h，填料高度 40cm，曝气量为 60L/h，维持水中溶解氧浓度大于 4mg/L。

(2) 填料的主要性能参数。用作曝气生物反应器内的两种填料分别为泥浆基免烧陶粒（自制陶粒）和市场上用作水处理的免烧陶粒（对照陶粒），两种填料的基本性能见表 4.23。

表 4.23 两种填料的基本性能

基本性能	粒径分布/mm	比表面积/(m^2/g)	筒压强度/MPa	表观密度/(kg/m^3)	1h 吸水率/%
自制陶粒	6～8	23.91	3.57	1239.99	21.61
对照陶粒	5～10	17.23	3.15	1078.12	17.76

2. 接种污泥与模拟配水参数

(1) 试验污泥。本试验所用污泥取自西安市第三污水处理厂配泥井的剩余污泥，原污泥沉降比（SV）为 98.72%，污泥浓度（MLSS）为 15240mg/L。

(2) 模拟配水。本试验模拟污水参考国内典型城市生活污水的水质指标进行配水。水中的碳源（C）、氮源（N）、磷源（P）分别由葡萄糖、氯化铵（NH_4Cl）和磷酸二氢钾（KH_2PO_4）提供，除此之外加入碳酸氢钠（$NaHCO_3$）用于调节 pH 值，加入其他微量元素确保微生物的正常生长繁殖。反应器主要分为生物挂膜启动阶段和正常运行阶段，两个阶段进水水质浓度，添加的营养盐和微量元素的具体参数见表 4.24。

表 4.24 模拟配水

参数	生物挂膜启动阶段	正常运行阶段
COD	400±mg/L	400±mg/L
NH_4^+—N	20±mg/L	20±mg/L
TP	4±mg/L	4±mg/L
营养盐	$CaCl_2$ 为 10.5mg/L；$MgSO_4 \cdot 7H_2O$ 为 90mg/L；$NaHCO_3$ 为 110mg/L	
微量元素	$FeCl_3$ 为 0.9mg/L；KI 为 0.18mg/L；$MnCl_2 \cdot 4H_2O$ 为 0.06mg/L；$CuSO_4 \cdot 5H_2O$ 为 0.03mg/L；$ZnSO_4 \cdot 7H_2O$ 为 0.12mg/L；$FeSO_4$ 为 0.6mg/L；EDTA 为 10mg/L	

(3) 污泥接种。在进行污泥接种前，首先对采集的污泥进行驯化，即按照 C、N、P 比为 100∶5∶1 配置浓度为 COD 为 800mg/L、N 为 40mg/L、P 为 8mg/L 的水溶液，倒入污泥内充分搅拌后进行 3d 左右的驯化。将驯化好的活性污泥利用筛网过滤掉其中的杂质，分成等量的两份，将污泥浓度调节至 10000mg/L 后，将两种陶粒分别倒入污泥中进行闷曝，其间需要每天按照驯化污泥的浓度更换闷曝用水，闷曝 3～5d 后可以看到陶粒表面沾染了黄色絮状物的污泥，结束闷曝，此环节为反应器填料的生物接种阶段。

3. 反应器挂膜启动

(1) 筛选填料。将两种陶粒大小进行筛分，选择粒径为 7～8mm 的陶粒用作反应器填料，将选好的填料冲洗干净后晾干。

（2）检查反应器装置。连接反应器的进出水管，打开曝气装置，利用蠕动泵运送清水，检查反应器的各个接点和设备是否正常运行，检测蠕动泵的输水速度是否相同。

（3）确定生物挂膜方式。生物挂膜一般分为自然挂膜和人工挂膜两种。人工挂膜又可分为循环挂膜法和快速排泥法。自然挂膜的周期一般较长，形成的生物膜附着能力差，容易脱落。循环挂膜法比自然挂膜法的挂膜速度更快，但也存在生物膜附着效果差，在水力冲击下容易脱落的问题；快速排泥法在挂膜初期向反应器投入高浓度菌种污泥和营养盐，为反应器中微生物的生长提供有利条件，闷曝可使微生物在填料上快速繁殖生长，生物膜的固着性较前两种方式有明显增强。因此本试验采用快速排泥法为反应器进行生物挂膜。

（4）反应器挂膜启动。本试验为平行对照试验，两组反应器在条件相同情况下同时运行，1 号为自制泥浆基免烧陶粒曝气生物反应器，2 号为对照陶粒曝气生物反应器。将进行污泥接种后的两种陶粒填料连同活性污泥一起倒入 1 号、2 号反应器内，填料高度约 40cm 左右；曝气流量设为 50L/h；对应的水中溶解氧含量为 3mg/L 左右，配置的进水浓度 COD 为 400mg/L、N 为 20mg/L、P 为 4mg/L；反应器下面进水，上面出水，进水流速 0.25L/h，水力停留时间为 8h；活性污泥与填料充分接触后从上端出水口排出，待悬浮污泥完全排除后，每天监测挂膜期间进出水 COD、NH_4^+—N、TP 的变化，把反应器对 COD、NH_4^+—N、TP 的去除率作为衡量滤柱挂膜成功的指标。

4.5.3 生物挂膜阶段污水处理效能分析

1. COD 的处理效果分析

图 4.16 是生物挂膜期间两个反应器对 COD 的去除率，可以看出两个反应器对 COD 的去除趋势大致相同，且自制陶粒反应器的去除率整体高于对照陶粒反应器的去除率，说明自制陶粒作为填料进行生物挂膜的效果更好。

在挂膜的第 1～8 天，两个反应器对 COD 的去除率较低，第 1 天仅为 46.04%和 51.88%，但整体呈快速上升的趋势，第 8 天时，对照陶粒反应器的去除率为 85.62%，自制陶粒反应器的去除率更是达到了 90.79%；这是因为陶粒本身具有多孔的特性，对有机污染物有一定的吸附作用，陶粒表面和孔隙还未被生物膜完全覆盖时吸附了一定量的 COD；此外，由于进水的营养物质充分、水中溶解氧充足，附着于陶粒表面与孔隙的微生物处于大量生长繁殖阶段，微生物的新陈代谢作用提高了反应器对 COD 的降解；反应器挂膜的 8～20d，COD 的去除率趋于稳定，两个反应器的去除率都稳定在 80%以上，可以认为此时生物挂膜已完成，附着在填料上的微生物中存在可分解有机物的异养菌且该类菌种生长环境较为稳定。自制陶粒反应器的去除率整体略高于对照陶粒反应器，可能是自制陶粒比表面积更大，微孔更多，因此附着的微生物数量更多。

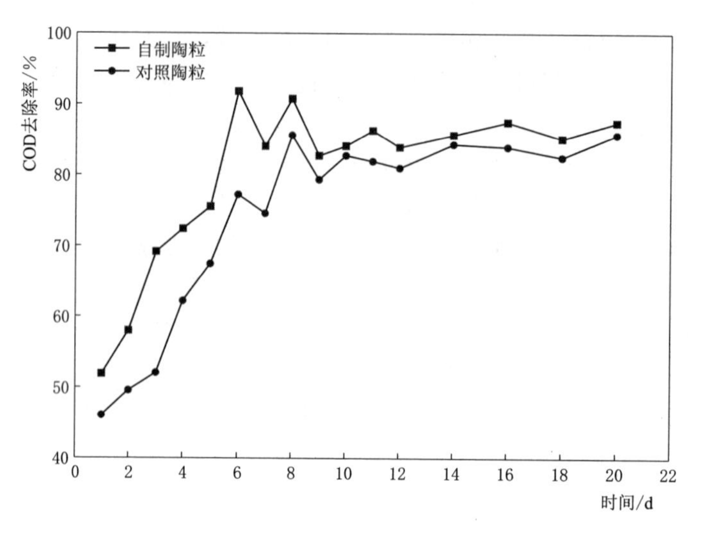

图 4.16 生物挂膜期间两个反应器对 COD 的去除率

当生物挂膜成功时，对照陶粒反应器的出水 COD 为（65±10)mg/L，自制陶粒反应器的出水为（55±10)mg/L，符合《城镇污水处理厂污染物排放标准》(GB 18918—2002）二级标准（COD<100mg/L）的要求。说明将泥浆基免烧陶粒作为水处理挂膜填料不但是可行的，且与市面上的水处理填料对比还有一定的优势。

2. 氨氮的处理效果分析

图 4.17 是生物挂膜期间两个反应器对 NH_4^+—N 的去除率，可以看出两个反应器对 NH_4^+—N 的去除效率都很高，整体变化趋势也相似，但自制陶粒反

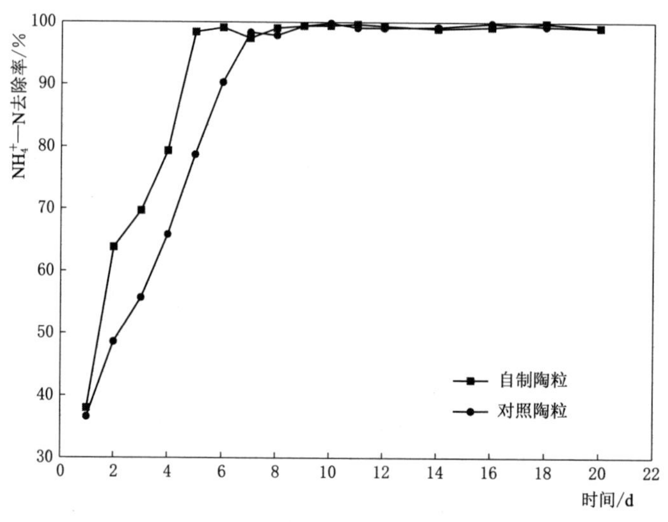

图 4.17 生物挂膜期间两个反应器对 NH_4^+—N 的去除率

应器的挂膜时间更快。在曝气生物反应器中，NH_4^+—N 的去除率是一个表征填料挂膜是否成功的重要指标，当 NH_4^+—N 去除率大于 60%时，一般可以认为填料挂膜成功。

NH_4^+—N 去除主要是依靠硝化细菌进行硝化反应将 NH_4^+—N 转化为硝氮及亚硝氮，在挂膜的第 1～7 天，反应器对 NH_4^+—N 的去除率迅速增长，这可能是前期对填料进行污泥接种时，附着在填料上的硝化细菌在溶解氧充足、氨氮浓度高的条件下已经很好地适应了环境，将接种过的填料倒进反应器启动后，硝化细菌不需要过长的适应期就开始大量生长繁殖，6d 时间去除率就分别从 36.59%和 37.97%增长到 98.38%和 97.42%；图中还能观察到生物挂膜前期，自制陶粒反应器的去除率比对比陶粒反应器的去除率大，且挂膜速度更快，这是因为自制陶粒中添加了生石灰等碱性成分，而硝化细菌更适合在微碱性环境下生长；挂膜的第 8～20 天，两个反应器对 NH_4^+—N 的去除效果稳定，去除率相差不大且都大于 99%，说明填料上已形成稳态的生物膜。

当生物挂膜完成时，对照陶粒反应器的出水 NH_4^+—N 和自制陶粒反应器的出水 NH_4^+—N 均<1mg/L，远小于《城镇污水处理厂污染物排放标准》(GB 18918—2002) 一级 A 标准 (NH_4^+—N<5mg/L) 的要求。说明将泥浆基免烧陶粒作为水处理挂膜填料可行且对 NH_4^+—N 的去除效果优异。

3. 总磷的处理效果分析

图 4.18 是生物挂膜期间两个反应器对 TP 的去除率，可以看出自制陶粒反应器对 TP 的去除效果明显优于对照陶粒反应器，但相较对 COD、NH_4^+—N 的去除率，反应器对 TP 的去除率总体偏低且变化趋势不太稳定。

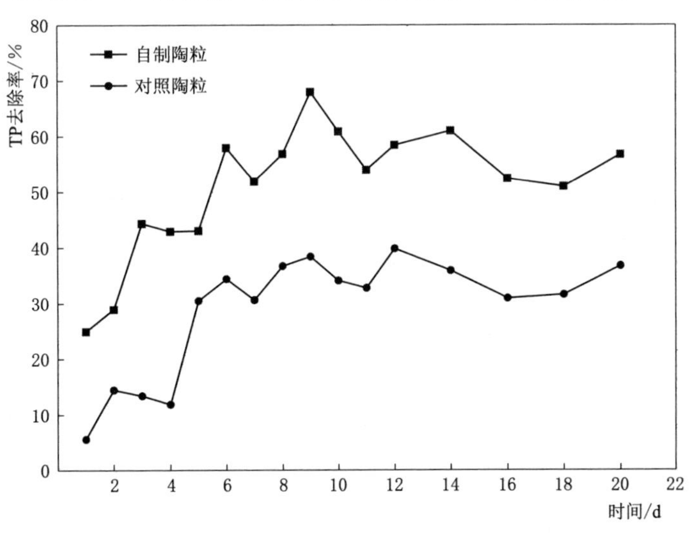

图 4.18　生物挂膜期间两个反应器对 TP 的去除率

由图 4.18 可知在挂膜的第 1 天，陶粒表面附着的微生物量较少，对照陶粒反应器的 TP 去除率仅为 5.63%，而自制陶粒反应器的去除率却达到 24.92%，主要原因是自制陶粒表层和孔隙含有较多 Ca^{2+}，Ca^{2+} 与磷酸盐反应生成磷酸钙沉淀，从而达到了化学除磷的效果。随着生物挂膜的进行，反应器的去除率逐渐上升，在第 9 天前后分别达到了最高值 38.40%和 67.95%；稳定运行后，自制陶粒反应器和对照陶粒反应器的去除率分别维持在 50%和 35%左右，自制陶粒反应器的去除率优于对照陶粒反应器的去除率表明自制陶粒因比表面积更大的缘故，附着的微生物更多，因而去除效率更高。

当生物挂膜完成时，对照陶粒反应器的出水 TP 和自制陶粒反应器的出水 TP 均小于 3mg/L，符合《城镇污水处理厂污染物排放标准》（GB 18918—2002）二级标准（TP＜3mg/L）的要求。说明将泥浆基免烧陶粒作为水处理挂膜填料可行且有较好的处理效能。

4. 生物膜生长状况

为考察陶粒表面微生物的附着情况，从生物挂膜阶段开始，待反应器排泥全部完成后，定期取一定量的自制陶粒和对照陶粒，通过重量法考察微生物的附着量的变化趋势。具体测定方法参考陈洋等的生物量测定方法。

如图 4.19 所示，挂膜第 2 天对照陶粒和自制陶粒的初始生物量分别为 19.31mgVSS/g 和 23.25mgVSS/g，这表明经过污泥接种，微生物在自制陶粒上的附着量大于在对照陶粒上的附着量，原因可能是自制陶粒有更大的比表面积，有利于微生物的附着和固定；随着挂膜时间的增加，对照陶粒和自制陶粒上的生物量呈逐渐增加的趋势，反应器运行到第 10 天时，自制陶粒上的生物

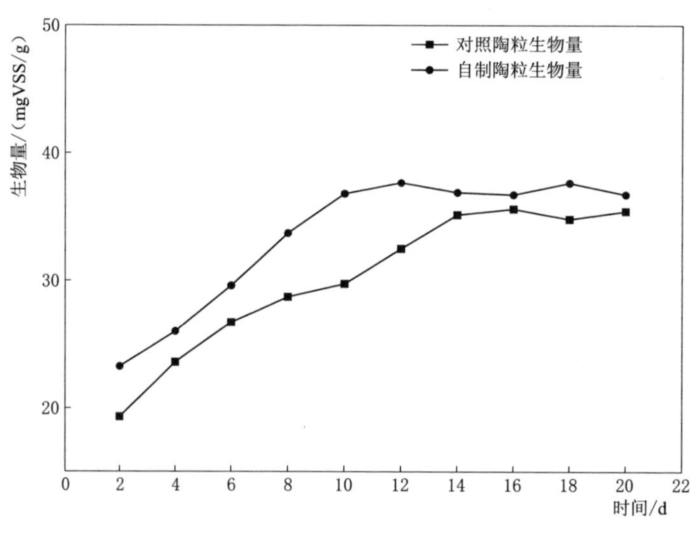

图 4.19 生物膜生长情况

量率先达到稳定，陶粒上的生物量稳定在 36.5mgVSS/g 左右，反应器运行到第 14 天时对照陶粒上的生物量才达到稳定，生物量稳定在 34.5mgVSS/g 左右；挂膜阶段，自制陶粒无论从生物挂膜量还是挂膜速率都优于对照陶粒，可能是自制陶粒的微碱性环境更适合一些微生物的生存和繁殖，同时自制陶粒较大的比表面积和孔隙率在一定程度上对微生物起到保护作用，防止微生物及生物膜在水力冲击下被冲刷导致脱落。

第5章　废弃泥渣协同污泥（堆肥）制备技术新成土

2004年，土壤学家马西亚斯首次提出“技术新成土（Technosols）”的概念，对人工土壤进行归类，并在2006年的世界土壤学大会中正式被认可并成为一种新的土壤类别。人工土壤是指利用有机固废或者无机固废按照自身性质配制而成的一种人造土，这种类土壤往往具有某些特殊功能，常被用于修复土壤或者作为补充土壤资源用于城市草地、公园等绿化建设。污水处理厂的剩余污泥里面含有大量的有机物，可以通过好氧堆肥的方式将有机质转化为腐殖质，同时杀灭污泥中的大量致病菌和微生物。施工废弃泥浆和渣土主要成分是无机矿物。如何将这两种不同的废弃物协同处理，最终成为技术新成土，将其用于绿化和矿山修复过程，则具有重要的潜在应用价值。

本章主要介绍用污泥（堆肥）过程的影响因素，并对堆肥和泥渣制备新成土过程中指标变化情况进行分析，此外对技术新成土的适用性进行了分析和评价。

5.1　新成土简介

5.1.1　研究现状

土壤在陆地生态系统中占据主体位置，是人类从事农业生产活动的基础，与普遍认知不同，土壤资源为一种不可再生资源。然而随着千万年来，尤其是近现代人类对土壤的不合理开发利用，超出了土壤的自然调节能力，使得处于污染以及退化状态的土壤不断增加，地区甚至全球优质土壤资源日益减少。西方发达国家为了缓解这种现象的进一步恶化，研究者们提出了“人工土壤”的概念，人工土壤是指利用有机固废或者无机固废按照自身性质配制而成的一种人造土，这类土壤往往具有某种具体的特殊功能，常被用于修复土壤或者作为补充土壤资源用于城市草地、公园等绿化建设。

人工栽培基质是市面上最为常见的人工土壤，是随着无土栽培技术的面世才兴起的一种人工土壤。在栽培基质的领域中，泥炭基质是备受青睐的一种基质，但由于其不可再生的特性，许多国家已经认识到开采泥炭资源所带来的生态问题，因此相继限制或禁止其开采。在该形势下，各行业将研究着眼于寻找泥炭的代替物，而各个研究课题重点关注的还是在现代化过程中大量产生的固体废弃物，如粉煤灰、污泥等。

受社会、经济等因素的影响，发达国家对人工土壤的研究要早于国内，早在1980年Kenneth C. Sanderson便对农用废弃物作为原料用于栽培基质的研究中，并将天然土壤以及无机肥处理作为对照，比较植物在三种土壤中的生长差异。经过相同时间的种植后，栽培基质中生长的植物在叶片均匀度、光泽度、叶绿素含量、氮含量等方面都要优于其他处理组。Kinga M. Berta等将赤泥与其他污泥废弃物相混合，可以有效促进植物生长，替代一部分土壤用于复垦。Sai Sree Varsha Vuppaladadiyam等利用矿山废石、粉煤灰、堆肥产物等联合制备人工土壤并分析降雨条件下该土壤的淋滤行为，结果表明，粉煤灰和堆肥产物可以有效中和废石酸性和产酸能力，满足植物生长发育的条件，且其在降雨条件下可以有效阻止重金属的浸出行为。Odei Barredo等利用泥渣、堆肥、膨润土作为原料配制了不同配比的人工土壤，并在不同土壤中种植草坪、经济作物、花卉、树木等不同类目植物，进行为期三年的试验并进行检测。在该研究结果中，草坪、经济作物、花卉等均在该人工土壤中生长良好，并指出这种人工土壤是开发废弃城市绿化的经济选择之一。Jairo José Zocche等将粉煤灰、米糠、污泥、合成石膏、表土等原料配制不同人工土壤来对矿区生态进行修复，在对人工土壤进行指标监测以及经济性分析后，得出用人工土壤对矿区进行修复是可行的。Ashutosh Kumar Singh等则是对粉煤灰人工土壤应用十年后当地的生态环境进行了调研分析。从研究结果中可以看出当地许多物种均在人工土壤中重新生长，特别是生物量高的物种，使该地的生态系统功能被逐步恢复。

国内近些年对人工土壤及栽培基质的研究课题也大大增加。马海龙等在用蚯蚓粪代替泥炭制备栽培基质的研究中，与泥炭制备的栽培基质相比，蚯蚓粪栽培基质的容重、pH值以及速效养分明显增加，而总孔隙度和有机质含量下降。赵兴华等研究珍珠岩椰糠混合基质不同配比对君子兰种苗营养生长的影响，且不同的珍珠岩椰糠混合基质配比对君子兰种苗的株高、叶片长、叶片宽、根长、干物质累积均有明显的影响。

5.1.2 研究内容

市政污泥是一种复杂的混合物，由多种有机物质构成，蕴含着多种具有潜在利用价值的营养成分，包括氮、磷、钾及多种微量元素；废弃泥浆和渣土中主要成分为砂石与黏土颗粒，有机质及其他营养物质含量极低。两者性质截然相反，故本书基于此，将两者进行协同处理，制备一种优质的人工土壤，在缓解了土壤资源短缺问题的同时，又实现了污泥及泥渣的资源化利用。

由于辅料对污泥堆肥效果有直接影响。研究中分别以玉米秸秆、菌菇渣、木屑为辅料，分别与污泥进行联合好氧堆肥，分析堆肥过程中理化指标、营养元素以及水溶性有机质的变化，探讨不同辅料对污泥堆肥效果的影响。对堆肥样品进行重金属含量测定，判断污泥堆肥是否满足国家土地利用标准。

此外，在人工土壤的配制过程中，研究不同污泥堆肥以及添加量对人工土壤理化性质、养分指标的影响。并利用人工土壤和参考土样进行盆栽试验，测定种植植物的生长指标（株高、根长等）变化。最终对不同人工土壤中各理化指标进行综合评价，并结合植物生长指标进行最优人工土壤的选择。

5.2 污泥好氧堆肥过程

5.2.1 好氧堆肥原理及影响因素

好氧堆肥是指微生物在氧气充足的情况下分解利用相对分子较大的物质为小分子物质，并在此过程中释放大量热量，最终有机物转化为腐殖质的过程。

相关研究认为堆肥阶段根据温度变化可以大致分为三个时间段，分别为升温阶段、高温阶段和降温阶段。升温阶段多发生在堆肥开始的前3d，这个阶段堆体内温度一般在50℃以下，嗜温性微生物为此阶段的优势微生物，微生物利用易分解的有机物进行快速生长繁殖，并在这个过程中释放大量热量，使堆体温度急剧上升。堆体进入高温期一般是指堆体内温度上升至50℃以上之后，维持时间为3～7d，此时嗜热性微生物（如真菌和放线菌）为主导菌群，对堆体内残留的可溶性有机物进行分解和利用，同时也开始分解一些复杂而难以降解的有机化合物。高温期是堆肥过程中最为重要的一个时期，这个阶段堆体内的水分大量蒸发，堆体体积开始大量下降，同时堆体内的病原菌、寄生虫卵等在高温的作用下失去活性，腐殖质类物质开始生成。经过一段时间的高温后，堆体内易降解的有机质被消耗殆尽，堆体内产生热量大大减少，当温度降至低于50℃时，嗜温性微生物再次占据主导地位，这个阶段被称为腐熟阶段。在这个阶段内，嗜温性微生物继续对堆体内纤维素等难降解有机物进行降解，并生成大量腐殖质，使堆体状态趋于稳定。

影响堆肥效果的因素有许多种，主要介绍下面几种。

1. 通气量

为了使污泥好氧堆肥达到最佳效果，必须提供良好的通风和氧气供应条件，是因为微生物活跃程度、有机物分解速度等直接受通风量的影响。通风是保证好氧堆肥顺利进行的关键因素之一，因此设定通气量时，必须全面考虑通风量可能会影响的各种因素。聂二旗等以通风量为变量，研究不同通风量对鸡粪好氧堆肥中各种理化指标的变化，该研究共设置0.1m^3/min、0.2m^3/min、

0.3m^3/min 三个处理组，在为期 28d 的好氧堆肥后，三种通风量下的堆肥产品均满足腐熟以及无害化处理要求，且在通风量为 0.2m^3/min 时，堆体种子发芽率较高的同时氮素损失较小。安玉亭等以城市污泥与水稻秸秆为原料，研究了不同通风量对堆肥的影响，在该研究中共设置 0.25m^3/h、0.50m^3/h、1.00m^3/h、1.50m^3/h 四组通气量，得出在以水稻秸秆为调理剂时，当堆体通风量为 1.00m^3/h 时，高温期时间最长为 6d，且此时具有最大的耗氧速率（0.75%/min），即该通风量下污泥好氧堆肥效果最好。

2. 含水率

含水率是堆肥中需要重点关注的关键指标，是判断堆肥需氧量的重要参数。好氧堆肥中水分的主要作用是溶解微生物代谢所需要的营养性物质，含水量过高或者过低均不利于堆体内部微生物的生长繁殖。当堆体内部含水率过高时，堆体内孔隙度下降，气体扩散速率随之下降，氧气供应不足，好氧微生物的生命活动受到抑制，厌氧微生物占据主要地位，堆体内以厌氧发酵为主，导致堆肥腐熟速率变慢的同时腐熟效果变差；当堆体内部含水率过低时，在堆肥早期会导致堆体脱水，进而直接阻碍堆体内微生物代谢活动，使得好氧堆肥进程停滞。Bernal 等指出在堆肥过程中，堆肥的最佳初始含水率为 50%～60%。在整个堆肥过程中，堆肥内含水率处于下降状态，尤其是在高温期内，堆体温度高，水分蒸发速率快，随着温度下降，水分蒸发速率下降并趋于稳定。

Mingxing Li 等以鸡粪为主要堆肥材料，稻草以及米糠为辅料进行了不同初始含水率对堆肥影响的研究，得出鸡粪堆肥最佳初始含水率为 53%，在该含水率下堆体内堆肥温度最高（61℃）和高温期最长（15d），最终达到碳氮比、腐殖酸和黄腐酸比率（HA/FA）及铵态氮和硝态氮比值分别为 19.20、2.00 和 0.93。Ruolan Tang 等则对不同含水率对餐厨垃圾堆肥中气体的排放进行了相关研究。在该研究中指出初始含水率对 NH_3 和 H_2S 排放和成熟度有显著影响，对卫生标准、成熟度和污染气体减少量进行综合评价后，初始含水率为 60%～65%。

3. 碳氮比 C/N

堆肥实质就是微生物对堆体内有机物降解和转化的过程，C、N、P、K 是微生物所需的主要营养素，其中又以 C、N 最为关键。只有在保持堆肥原料的碳氮比在适宜的范围内的前提下，才能确保微生物的降解和转化过程得以顺畅、高效地进行。当堆肥初始的碳氮比过高时，堆体内部的氮元素不足以供给微生物的生命活动，其增长繁殖受到极大的限制，进而影响有机质的降解；若 C/N 过低，即氮源过多不仅会以氨气的形式损失，产生臭味，同时会造成微生物生长过剩，导致碳源的供应不足，易引起菌体大量死亡，并且较低的碳氮比会使可溶性碱性盐被释放进土壤中，使土壤逐渐盐碱化而使植物生长受到限制。Petric 等推荐初始碳氮比最佳范围为 25∶1～40∶1。

Wenming Zhang 等在鸡粪与玉米秸秆共同堆肥的研究中指出高的 C/N 可促进固氮菌、嗜热放线菌、扁丝菌、黄杆菌、杆菌科、假单胞菌、鞘杆菌、芽孢杆菌、芽孢杆菌和热二裂菌的相对丰度，同时降低反硝化细菌 Pusillimonas、Ignatzschineria、泊库岛食烷菌、Cerasibacillus 的相对丰度，并且指出在初始碳氮比在 30∶1 时，氮和碳的总损失最小。尹娇等人在叶菜废弃物好氧堆肥中当碳氮比为 20∶1 时，堆体内有机质分解率最高（22.71%），全效养分含量最高（6.4%），且全氮、全磷、全钾含量增加量均最高，即在该碳氮比下堆肥的腐熟程度最高，腐熟效果最好。

5.2.2 好氧堆肥辅料研究现状

脱水污泥是一种具有臭味的黑色泥状物质，其含水率高、碳氮低，含水率为 80%左右，同时脱水污泥内部孔隙度小，不利于通气。脱水污泥的性质导致污泥在单独进行好氧堆肥时效果差，因此在利用污泥进行好氧堆肥的时候通常会加入辅料，对整个堆体的含水率、碳氮比、孔隙度等进行调整，使其处于堆肥的最佳范围，在目前对污泥堆肥的研究中加入的调理剂一般分为有机辅料、无机辅料以及一些新型材料。

1. 有机辅料

有机辅料主要有秸秆、木屑、稻壳等常见农用废弃物，为目前堆肥中常用辅料类型，这些辅料一般均有高碳氮比、低含水率、高孔隙度等性质，能很好地调节污泥的性质，使污泥堆肥的效果更好。Ke Wang 等将木屑、麦秸和稻壳三种辅料与污泥分别进行为期 40d 的堆肥，研究不同有机辅料对温室气体及堆体内相关基因的影响。在该研究中指出木屑具有最高的碳氮比，而小麦秸秆具有最高的持水含水率，不同辅料的堆体在 N_2O 的排放中并无显著影响。证明辅料中其持水孔隙率对 NH_3 和 CH_4 排放的影响大于 C/N 比和孔隙率的影响。持水孔隙率高的辅料在堆肥过程中不仅可以减少 NH_3 的排放，而且具有减缓 CH_4 氧化的作用，在一定程度上提高了 CH_4 的产量。Hassiba Kebibeche 等研究了小麦秸秆以及锯末对污泥堆肥腐熟度的影响，得到结果：添加锯末能有效缩短堆肥腐熟的时间，且堆肥中的氮含量上升；与小麦秸秆单独堆肥相比，添加锯末后降低了堆肥的植物毒性，使种子发芽指数上升。

2. 无机辅料

无机辅料包括沸石、陶粒、蒙脱石等物质，这些物质相比有机辅料而言，其往往具有高比表面积的特点，在堆肥过程中能促进有机质的降解及腐殖化。Xiankai Wang 等在污泥堆肥的研究中选择陶粒和活性氧化铝球作为辅料，结果表明两种辅料均能使堆体中温度的升高、含水率下降以及有机质的降解，并保证污泥达到腐熟状态；除此之外，这两种无机辅料能达到回收降低成本的目的外，还能降低 Cd 的迁移率，但增加 Zn 的迁移率。Mukesh Kumar Awasthi 等则是在污泥堆肥中加入了钙基膨润土和小麦秸秆共同作为辅料，研究不同膨润土添加量对堆肥的影响。该研究指出加入膨润土能有效增强堆体内酶的活性以及有机质的降解，且随着膨润土添加量的增加，堆肥种子发芽指数升高，腐熟时间大大缩短。

3. 新型辅料

在堆肥辅料的研究中，对传统的有机辅料和无机辅料进行改性，对优点进行整合，研发了新型辅料。Haibin Zhou 等开发了一种可回收的塑料辅料，直径为 35mm 和 50mm 的该辅料可改善堆肥过程中的氧气扩散、发酵及脱水能力，且当该塑料辅料与污泥体积比为 1∶2 时，污泥堆肥达到无害化处理标准，且种子发芽指数表明堆肥无生物毒性。Yongde Liu 等利用硫酸和氢氧化钠分别对松木进行了改性处理，后将改性后的松木用于污泥好氧堆肥研究中。研究指出与原松木相比，改性后的松木屑在堆肥中改变了堆体内部的微生物群落结构，提高了整个堆肥期间的温度峰值，显著降低了氨气排放量，同时减少了 9.4%的氮素损失，有效提高了污泥堆肥的总氮含量。郇辉辉等则是将蚯蚓黏液和生物炭作为辅料同污泥进行好氧堆肥，与对照组堆肥相比，堆体内部重金属总量下降，钝化了污泥堆肥中的 Ni、Zn、Pb 等重金属，降低污泥毒害效果和提高其利用价值。

5.2.3 辅料对污泥堆肥效果的影响研究

由于污泥具有含水率高、孔隙紧实等性质，不利于堆体内空气流通，提供氧气量有限，好氧微生物无法正常进行生命活动，导致污泥单独堆肥效果差。在污泥堆肥处理中，常添加秸秆、木屑、枯叶等辅料对污泥的孔隙度、含水率、碳氮比等初始堆肥参数进行调节。本书选择玉米秸秆、菌菇渣、木屑作为污泥堆肥的辅料，根据《城镇污水处理厂污泥处理处置技术指南》确定污泥与辅料配比，通过分析堆肥中理化指标、营养元素以及水溶性有机质的变化，探讨不同辅料对污泥堆肥效果的影响。

5.2.3.1 材料与处理

本次试验的材料为污泥、玉米秸秆、菌菇渣、木屑，如图 5.1 所示，其理化性质见表 5.1。

1. 污泥

取自西安第五污水处理厂第一期脱水车间，为污水处理过程中产生的产物，初始含水率在 80%左右。

2. 玉米秸秆

取自眉县玉米种植农户，在风干后粉碎后使用。玉米秸秆为常见园林废弃物，其有机质含量丰富。

3. 菌菇渣

取自宁强县菌菇养殖户，由废弃菌棒粉碎得来。废弃菌棒为菌菇生长的寄生物，其中含有大量有机物及微生物。

4. 木屑

取自连云港市某家具厂，为家具制作时产生的杨木锯末。锯末疏松多孔，碳氮比高，氮磷钾含量丰富。

表5.1　原料基本理化性质

原料	含水率/%	pH值	电导率EC/(μS/cm)	有机质/(g/kg)	总氮/(g/kg)	C/N
污泥	79.82	6.74	212	461.51	43.09	10.71
玉米秸秆	6.84	7.38	2540	712.14	13.00	54.78
菌菇渣	9.56	5.93	2700	615.87	9.38	65.60
木屑	9.76	7.63	264	694.67	2.85	243.39

5.2.3.2　试验设计与样品采集

本试验使用的堆肥装置为圆柱形好氧堆肥反应器，有效容积为10L（高为60cm，底部直径为15cm）。在桶体上部和下部分别设置一个直径为2cm的取样口，以便于均匀采样。桶体底部设有渗滤液孔，与透明软管相连，便于桶体内渗滤液的排出。在底部设置一层穿孔板并覆盖一层筛网，使气室与堆体分离，利用空气泵将空气输送到堆体底部进行供氧，并通过空气流量计控制通风流量。在试验过程中通过继电器对空气泵进行控制。由于桶体体积较小，在每个桶体外围缠绕一圈加热带并通过温控器进行控制，每日调节使加热带温度始终低于桶体内最低温度3～5℃，来模拟自然堆肥的过程。反应器如图5.1所示。

本试验共设置3个试验组，分别为A（污泥：玉米秸秆＝5：2）、B（污泥：菌菇渣＝5：2）、C（污泥：木屑＝5：2）。根据污泥处置技术指南中对含水率、碳氮比的要求确定配比。

堆肥期间采用强制通风＋人工翻堆的方式进行处理，在高温期结束后进行第一次翻堆，之后每周翻堆一次。通气方式采用间歇式供氧，每天在8：00—9：00、下午16：00—17：00、晚上0：00—1：00三个时间段进行通气，通风量为0.3L/min，持续时间为1h。桶内温度达70℃以上时，增加通风量，以防微生物死亡。

堆体温度为堆体不同部位的平均值，分别在每天的9：00、15：00、21：00进行测量并记录。堆肥时间为30d，在第1、3、6、10、15、20、25、30天时取样。取样分别取反应器的上下两个部位的样品各100g，并充分混合

(a) 污泥　(b) 玉米秸秆　(c) 菌菇渣　(d) 木屑

图 5.1　试验材料

后将样品分为三份，一份对 pH 值、EC、铵态氮等指标进行分析；一份风干后粉碎过 200 目筛后，对总氮、有机质、速效养分以及重金属进行测定；一份堆肥鲜样用于测定微生物变化，保存于−80℃冰箱。

5.2.3.3　污泥堆肥过程中指标的变化

1. 污泥堆肥过程中理化指标的变化

(1) 温度的变化。在好氧堆肥过程中，温度是一项至关重要的检测指标。根据温度的变化情况，堆肥过程可以被划分为三个不同的阶段，分别是升温阶段、高温阶段和降温阶段。在开始的第 1～3 天，堆体内部温度为 20～45℃，被认为是升温期，此时嗜温性微生物占据主导地位，利用易分解的有机质如糖类物质快速繁殖并释放热量，从而使堆体内部温度迅速上升。随着堆体温度升高至 50℃，标志着堆肥正式进入高温期，此时嗜热性微生物取代嗜温性微生物为主导菌种，对未分解及难分解的有机物进行分解利用，同时开始生成腐殖质，从而使堆体逐渐进入稳定状态。在《粪便无害化卫生要求》(GB 7959—2012) 中对最高温度以及高温期天数提出明确要求，即高温期需要持续 5～7d

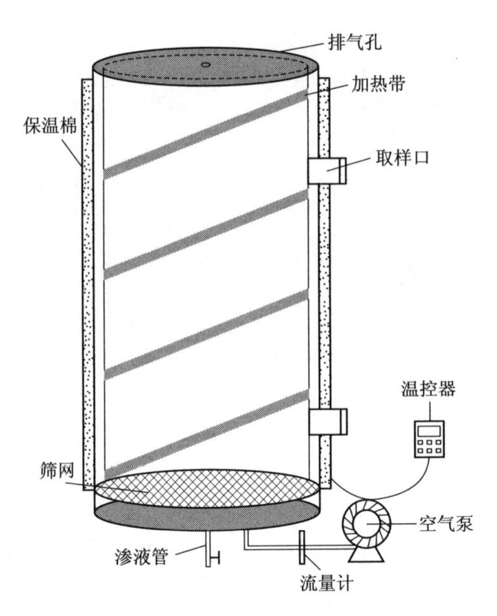

图 5.2 反应器

且最高温度必须达到 50～55℃以上，这是因为高温期对去除污泥中病原体等有害物质起到关键作用。当易分解的有机物在堆体内耗尽后，嗜热微生物的活性降低，释放的热量减少，从而导致堆体温度下降，堆体进入降温期。同升温期相似，嗜温性微生物为该阶段堆体内的主导菌群，而不同的是此阶段微生物主要对难分解有机质进行分解，并生成腐殖酸类物质，使堆体的腐殖化程度进一步加深。

如图 5.3 所示为堆肥过程中的温度变化。从图中可以看出，三个堆体的温度变化趋势大致相同，均出现较为明显的升温期、高温期、降温期，且在降温后出现了二次升温现象。A、B、C 三组均在第 3 天时温度达到 50℃以上，即在第 3 天时三组堆肥均已进入高温期，且分别在第 6 天、第 5 天、第 4 天达到堆肥期间最高温度，为 61.2℃、59.4℃、64.6℃。C 组最早达到最高温度，且峰值温度为三组中最高，说明三种辅料中木屑中的有机质最易分解，堆肥初期堆体内微生物活动最剧烈。三组日均温度在 50℃以上的天数分别为 12d、8d、9d，在 55℃以上的天数分别为 10d、8d、5d，均满足国家无害化卫生要求。三种辅料中，玉米秸秆中的有机质含量最高，其堆体的高温期持续时间也最长，表明与木屑相比，有机质更难分解。

（2）含水率的变化。适宜的含水率是堆肥过程中的必备条件之一。当堆体含水率过高时，将影响通风效果，使堆体内好氧微生物不能正常进行，进而发生厌氧发酵；当含水率过低时，堆体内部的有机质丰富但却因为堆体内水分过

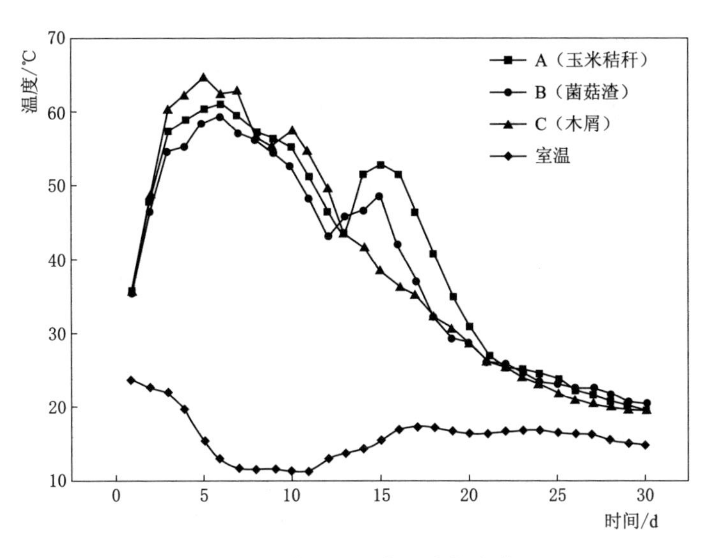

图 5.3 堆肥过程中温度的变化

少不能被微生物利用，使微生物的正常代谢受到阻碍。

图 5.4 为堆肥过程中不同处理下污泥堆肥含水率的变化。三组在堆肥过程中含水率的变化趋势基本相同，均呈现下降趋势，除水分蒸发外，辅料的吸水作用也会导致含水率下降。三组堆肥在第 6～10 天含水率下降最快，是由于在

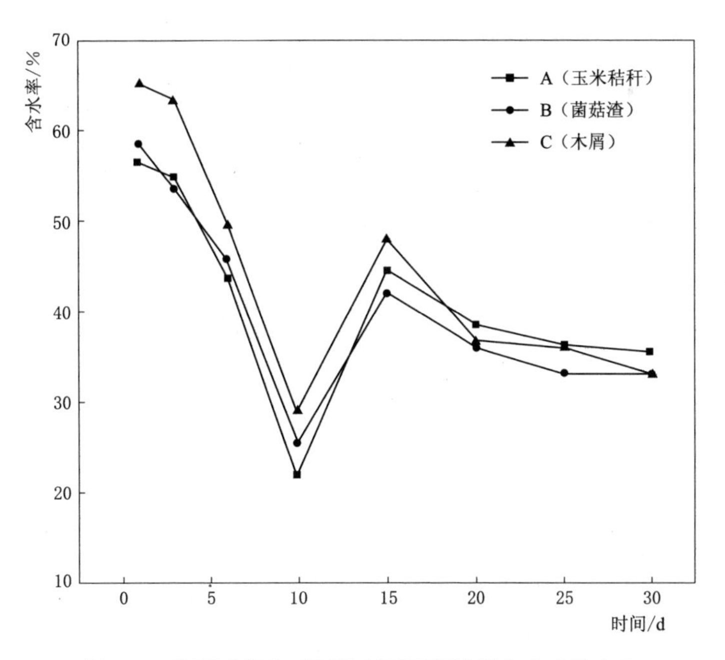

图 5.4 堆肥过程中不同处理下污泥堆肥含水率的变化

高温的作用下水分大量蒸发，堆体含水率急剧下降。由于含水率过低会影响堆体内微生物活动，故在第 10 天，对三组堆体进行补水，以维持堆体内微生物活动。在进入降温期后，堆体温度与高温期相比大大降低，使得内部微生物的生命活动减弱，堆体含水率降低速率放缓。在堆肥结束时，三组的含水率分别为 48.5%、35.9%、36.7%，相比堆肥初，分别降低 13.9%、38.5%、41.5%。

(3) 堆肥 pH 值的变化。微生物的生命活动离不开适宜的 pH 值环境，pH 值过高或者过低都不利于堆体内的微生物进行繁殖以及有机物的降解。

如图 5.5 所示为堆肥过程中三组污泥堆肥 pH 值的变化，可以看出三组的 pH 值总体均呈现先上升后下降的趋势，A 组和 C 组在第 3 天 pH 值达到最高，分别为 8.3、8.65，B 组在第 10 天 pH 值达到最高，为 7.79。与其余两组相比，添加木屑的堆体在堆肥开始的第 1～3 天内 pH 值上升速度更快，是由于堆体内的含氮化合物在氨化作用产生大量氨气，且这些气体无法及时释放到空气中而存留在堆体内，从而导致堆体 pH 值快速上升。B 组在第 3 天 pH 值略微下降，是由于有机物降解造成的有机酸没有被及时利用分解而积累。随着堆体进入降温期，堆体内的氨化作用减弱，硝化作用增强，氨气被利用，有机酸、腐殖质等在堆体内累积，使得堆体的 pH 值下降并趋于稳定。在堆肥结束时，A、B、C 三组的 pH 值分别为 7.34、7.02、7.34，均处于弱碱性范围内。

(4) 电导率 EC 的变化。堆体内的电导率值可以反映堆肥的含盐量。污泥堆肥后多用于土地利用，而对于植物来说，含盐量是限制生长的障碍因素之

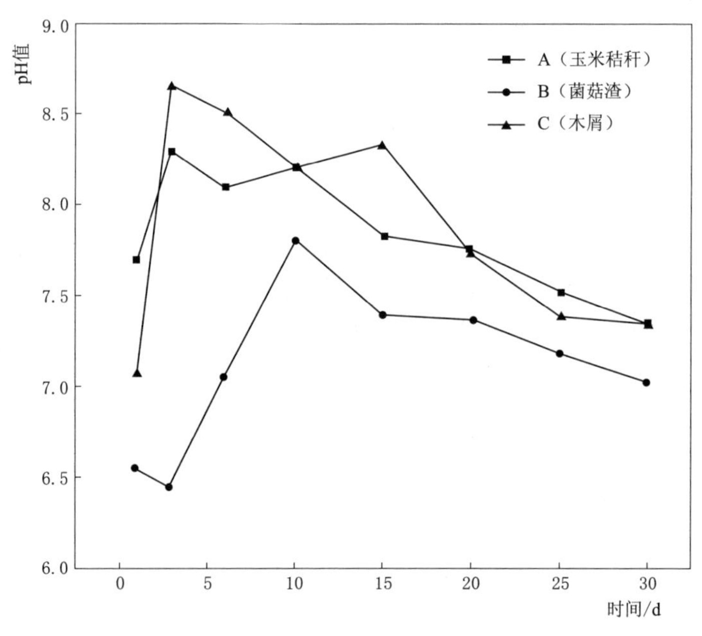

图 5.5 堆肥过程中三组污泥堆肥 pH 值的变化

一，含盐量过高时不仅会使土地盐碱化，还会导致植物失水，成活率降低；含盐量过低说明其养分过少，影响植物生长。

如图 5.6 为堆肥过程中 EC 的变化，三组的电导率均呈先增长后下降的趋势，均在第 20 天的时候达到峰值，分别为 1.38mS/cm、2.03mS/cm 和 1.09mS/cm。堆肥开始时，在微生物对有机质进行高效利用下，将其大量分解并转化为小分子有机酸和多种离子（如铵根离子、硝酸盐等），从而显著提高了电导率，之后随着大量无机盐被微生物利用以及部分可溶性物质转化为胡敏酸等较稳定的大分子有机物，使得电导率值逐渐降低并趋于稳定。三组电导率在堆肥结束时分别为 1.03mS/cm、1.65mS/cm、0.92mS/cm，较堆肥开始时增长率为 20.2%、112.3%、128.4%。

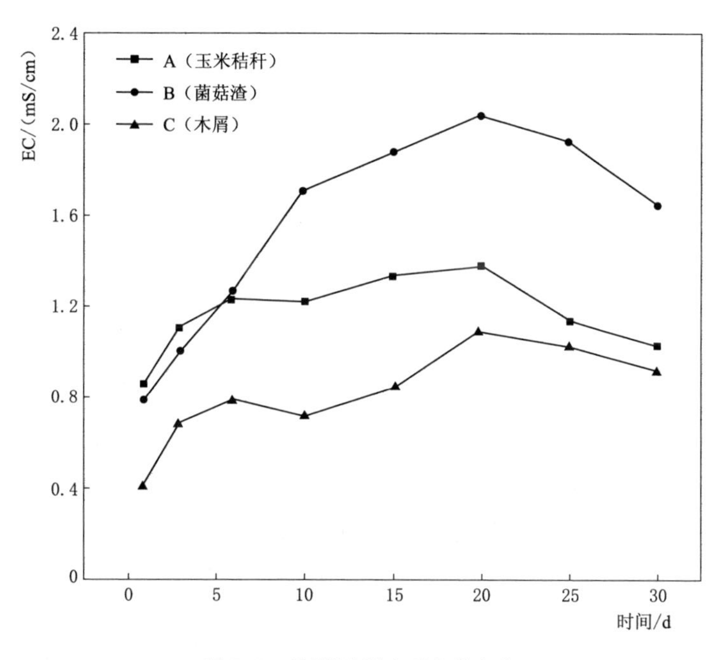

图 5.6 堆肥过程中 EC 的变化

（5）种子发芽指数变化。评判堆肥腐熟的指标包括多种物理化学指标，而种子发芽指数是国内外研究中评价堆肥是否腐熟的常用生物学指标。在我国污泥应用的相关规定中，应用于园林绿化的污泥堆肥其种子发芽指数应不小于 80%。堆体好氧堆肥是一个复杂的过程，在堆体内有机质被矿化以及腐殖化过程中，会产生小分子物质、NH_4^+、盐分离子等物质，对种子萌发起抑制作用。

图 5.7 为三组污泥堆肥种子发芽指数的变化。三组种子发芽指数在堆肥过程中总体均呈现逐渐上升的趋势，B 组和 C 组在堆肥前 3 天种子发芽指数出现了略微下降，考虑是由于堆体内部有机酸以及氨气未能被及时利用而累积，对

种子萌发造成胁迫。三组中 B 组种子发芽指数最先达到 80%以上，在第 6 天时达到 90.9%，满足腐熟要求，而 A 组和 C 组则在第 15 天时达到 80%以上，分别为 81.4%、89.4%。在堆肥结束时，三组的种子发芽指数分别为 115.6%、136.4%、106.8%，均满足腐熟要求。

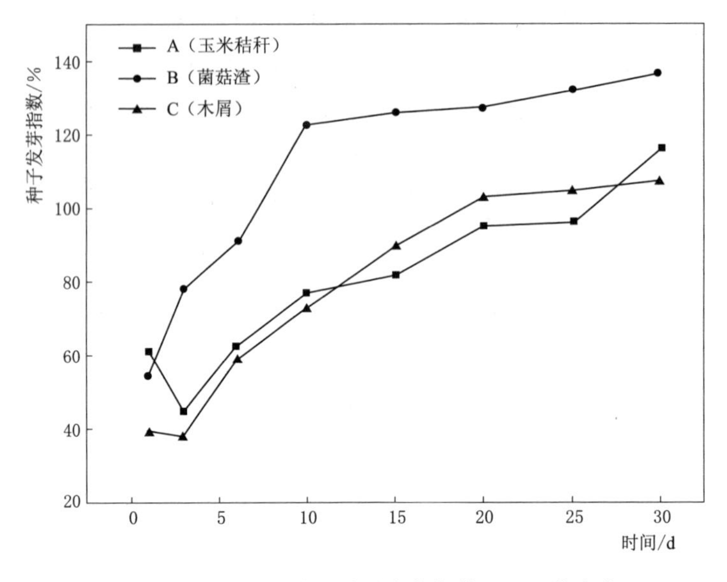

图 5.7　三组污泥堆肥种子发芽指数（GI）的变化

2. 污泥堆肥过程中养分指标的变化

（1）有机质及降解率的变化。堆体进行好氧堆肥的实质就是堆体内的微生物利用堆体内的有机质进行代谢繁殖，消耗堆体内的有机质分解为水、二氧化碳等物质，并在此过程中产生热量，同时使堆体逐步腐殖化。因此，有机质是堆肥过程中的重要物质之一，是堆体内微生物生命活动不可或缺的物质，其高低不仅影响堆肥产物的品质也影响着堆肥的进程。如图 5.8 为堆肥过程中不同污泥堆肥的有机质含量及降解率的变化，三组堆体的有机质含量在堆肥过程中总体为下降趋势，在堆肥结束时，A、B、C 三组的有机质含量分别为 494g/kg、478g/kg、496g/kg，较初始时分别降解了 21.3%、14.1%、22%。

堆体内的有机质含量与微生物活动息息相关，当堆体内有机质含量较低时，微生物生命活动所需的碳源不够，使其活性及数量都大大受到限制，则堆肥过程中产生的热量就十分有限，堆体内部温度以及高温期时间也就会大大缩短，进而影响堆肥品质。但是当堆体内有机质含量过高时，微生物大量繁殖，进行生命活动所必需的氧气需求量也随之增加，若通气量不足，则堆体内部分区域会进行厌氧发酵，发出恶臭。A、C 两组最后的有机质含量及降解率接近，而 B 组的有机质含量以及降解率都较低，与温度变化规律吻合。A、C 两组在堆肥过程中温度整体高于B组，微生物活动更为剧烈。

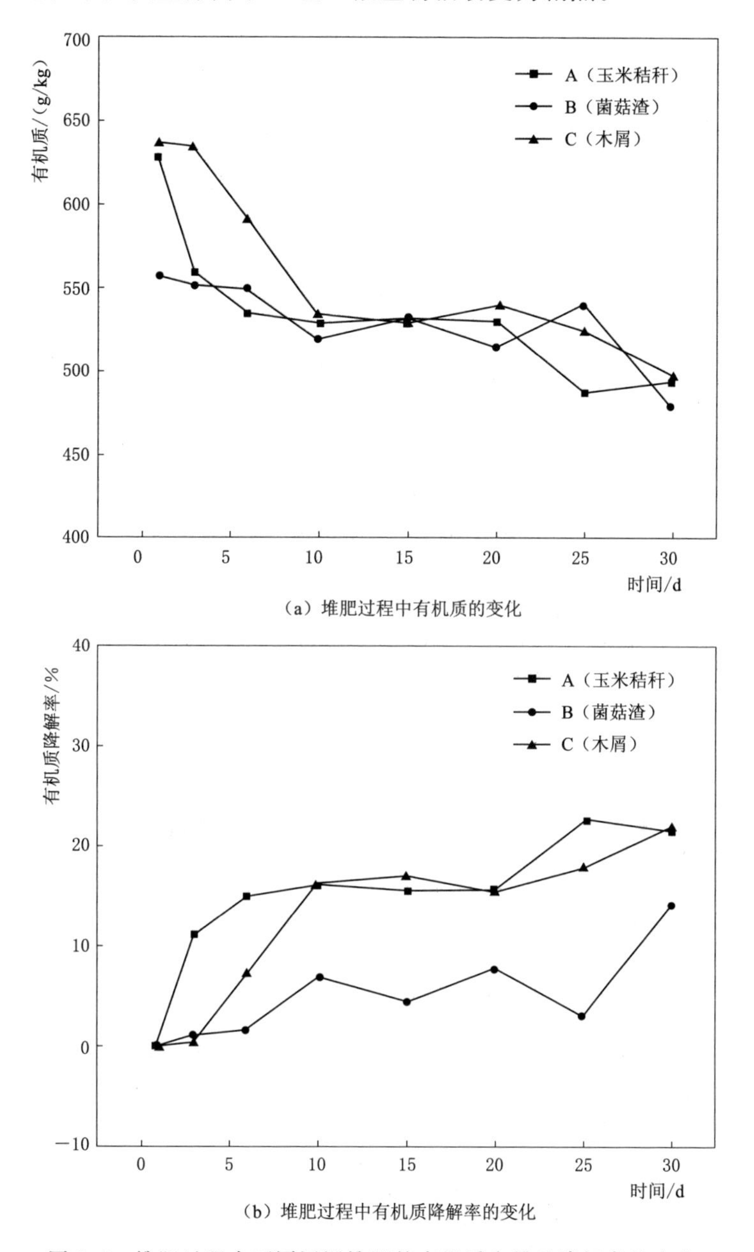

（a）堆肥过程中有机质的变化

（b）堆肥过程中有机质降解率的变化

图5.8　堆肥过程中不同污泥堆肥的有机质含量及降解率的变化

（2）总氮的变化。氮磷钾为植物生长发育所必需的营养元素，因而在堆肥过程中对堆体内总氮的监测是必不可少的。堆肥的实质就是堆体内有机质的矿化，在这过程中，含氮有机物不断被分解利用为无机氮、氨气等物质。在整个堆肥过程中氮元素的损耗一部分源于氨气等含氮气体的逸出，另一部分是由于溶于渗滤液中的无机氮随着渗滤液的流出而发生损耗。如图 5.9 所示为堆肥过程中不同处理下堆体内部总氮的变化，三组总氮均为先下降后上升的趋势，其中 A 组＞B 组＞C 组，考虑这与添加辅料本身所含氮高低相关。C 组在堆肥前期总氮有大幅度地下降是由于 C 组在高温期持续时间最长的同时其峰值温度也最高，使得氨气大量逸出。而随着堆肥的进行，堆体内有机氮的矿化速度小于有机质的矿化速度，产生“浓缩效应”，堆体内总氮的绝对质量下降，相对质量上升，进而出现了堆肥后期总氮含量上升现象。在堆肥结束时，三组的总氮含量分别为 25.7g/kg、23.5g/kg、19.9g/kg，分别增长了 10.3%、22.3%、14.2%。

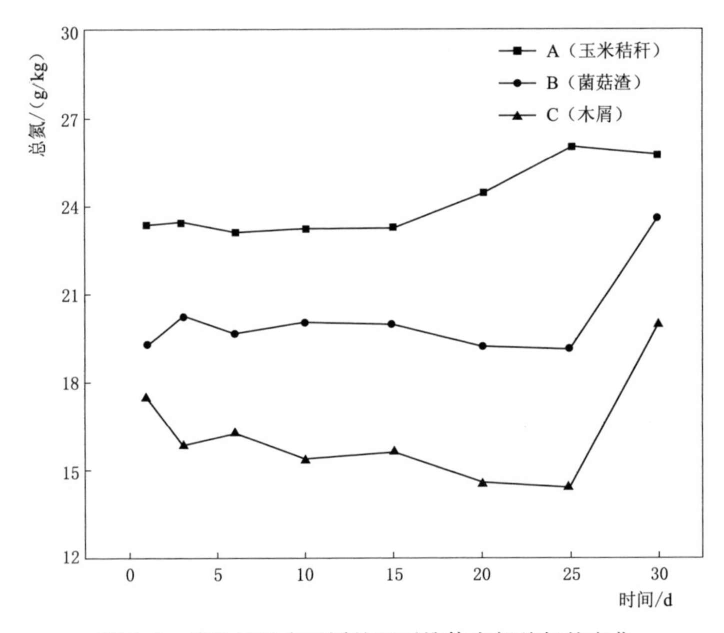

图 5.9 堆肥过程中不同处理下堆体内部总氮的变化

（3）铵态氮的变化。铵态氮是堆肥过程中一种主要的无机氮，在堆肥初期，堆体内部有机物含量丰富，微生物繁殖迅速，氨化细菌也大量增加，含氮有机物在微生物的作用下被利用分解，铵态氮在堆体内部快速积累；堆肥中后期铵态氮的含量降低，一部分是由于铵态氮在高温作用下变为氨气逸出，还有一部分由于堆体的有机物含量降低，堆体温度降低，硝化细菌逐渐占据优势地位，在硝化作用下铵态氮被转变为硝态氮。

如图 5.10 所示为堆肥过程中不同污泥堆肥中铵态氮的变化。从图中可以看出，三组堆肥中铵态氮的含量总体呈现先上升后下降的趋势，其中 A 组和 C 组在第 6 天时含量最高，分别为 5.26g/kg、3.19g/kg，而 B 组在第 15 天时达到最高，为 4.33g/kg。与 A、C 两组相比，B 组铵态氮含量最高峰出现较晚，可能是B组在堆肥前期有机物充足的情况下，铵态氮一部分转变为生物态氮，使得堆体内铵态氮浓度降低，而当堆体内的有机物逐步随着堆肥的进行被分解利用，导致该转化作用变弱。三组的铵态氮含量在堆肥结束时分别为2.63g/kg、2.70g/kg、2.75g/kg，较堆肥初增长114%、263%、440%。

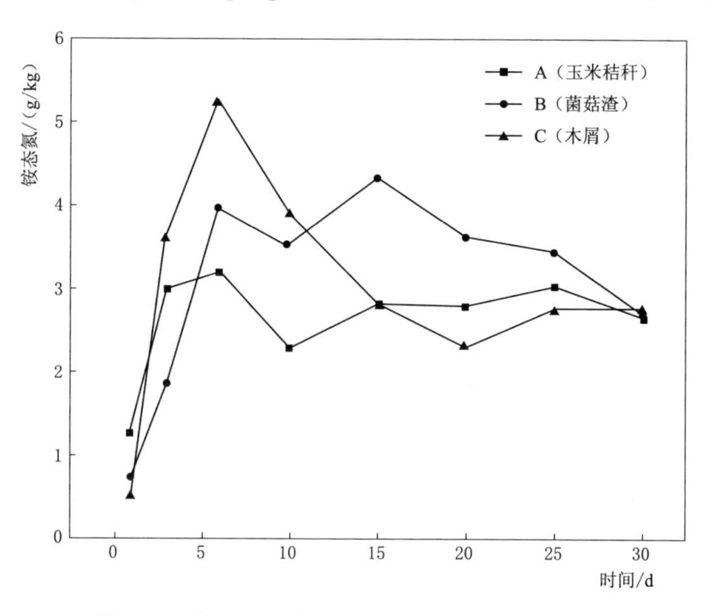

图5.10 堆肥过程中不同污泥堆肥中铵态氮的变化

（4）有效磷的变化。在堆肥有机质被矿化的过程中，磷为较为稳定的一种元素，其总量保持不变。有效磷在堆体内增加是主要由两方面原因造成，一方面是由于堆肥过程中产生的“浓缩效应”，堆体质量及体积减小导致有效磷被浓缩；另一方面原因是微生物将部分有机磷转变为无机磷导致堆体内速效磷含量上升。

如图5.11所示为堆肥过程中不同污泥堆肥中有效磷含量的变化，三组中有效磷含量总体均呈先上升后下降，在堆肥后期又上升的趋势，主要原因是堆肥初期含水量急剧下降导致有效磷“浓缩效应”明显，而随着堆肥的进行，部分有效磷被微生物利用使得其含量下降，但后期由于有机质缺乏导致微生物死亡并释放固定于体内的部分磷，使得堆体内有效磷含量增加。三组污泥堆肥的有效磷含量在堆肥结束时均比堆肥初高，分别为0.36g/kg、0.57g/kg、0.33g/kg，增加了8%、38.7%、15.3%。

（5）速效钾的变化。速效钾是植物生长能够直接利用的营养元素之一，对用于土地利用的污泥堆肥而言也是需要关注的指标之一。

如图5.12为堆肥过程中不同处理的速效钾的变化，其中在整个过程中A

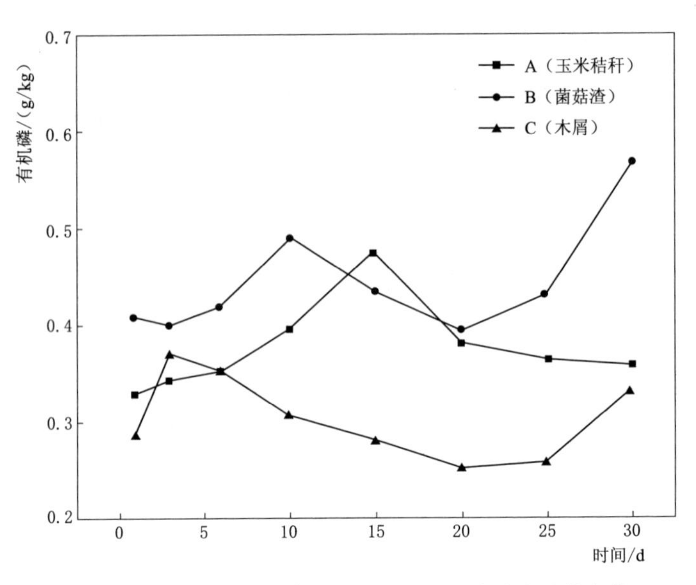

图 5.11 堆肥过程中不同污泥堆肥中有效磷含量的变化

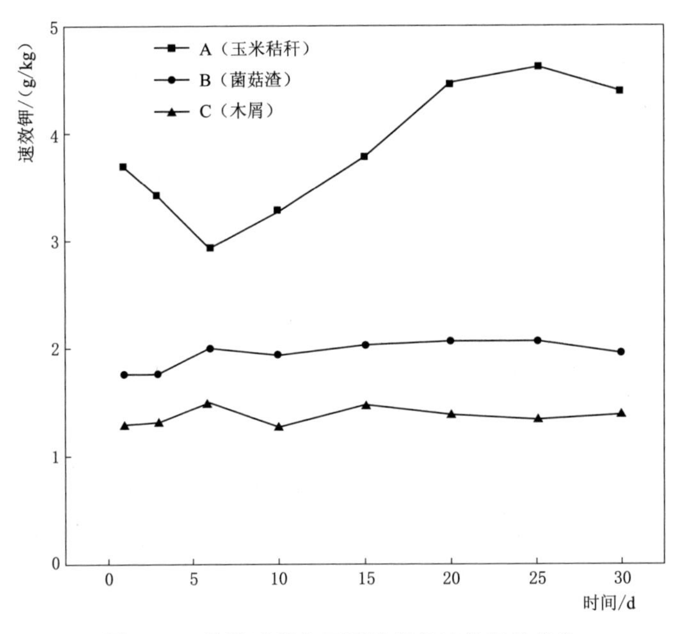

图 5.12 堆肥过程中不同处理的速效钾的变化

组的速效钾含量显著高于 B 组和 C 组，考虑这与添加辅料自身的速效钾含量有关，即玉米秸秆中速效钾含量较高。三组处理堆肥结束后，速效钾含量分别为 4.40g/kg、1.95g/kg、1.28g/kg，与堆肥初相比分别增加 19.0%、10.9%、7.8%。堆肥中速效钾含量的增加主要有堆肥过程中“浓缩效应”以及微生物活动将堆体内的钾素转变为可溶性钾盐等两方面原因。

3. 污泥堆肥中 DOM 的光谱分析

(1) 堆肥中水溶性有机物 UV - Vis 分析。堆肥过程实质就是微生物分解利用有机物，使其变为小分子物质，且逐渐腐殖化的过程，水溶性有机质（DOM）的变化表明了堆肥过程中物质转化过程。利用紫外吸收光谱来表征堆肥中 DOM 在堆肥不同阶段中的演变，可以分析堆体内有机化合物的结构变化。

如图 5.13 所示为污泥堆肥在不同阶段 DOM 的紫外可见光谱的变化。从图中可以看出，三组堆肥的紫外光谱相似，仅在吸光度上有所区别，而且三组均在 280nm 附近出现一个吸收平台。随着堆肥时间的增加，该吸收平台的吸光强度增加。腐殖质物质中木质素磺酸及其衍生物的光吸收是引起该吸收平台吸光强度增加的一部分原因，同时堆体内的腐殖质和芳香族物质的不饱和共轭双键结构增加，进而使紫外吸收强度增加。同时，三组中不同波段的吸光度随着堆肥时间的增加而增加，表明在堆肥的整个进程中，堆体内可溶性有机物芳香度和不饱和程度大大增加，腐殖化程度增强。在堆肥时间相同的情况下，C 组为三组中吸光度最低的，C 组中的添加辅料为木屑，其堆肥产物水溶性有机物含量较少。

E_4/E_6 是水溶性有机物在 465nm 和 665nm 波长处吸光度的比值，该比值与 DOM 中腐殖类物质的相对分子结构以及缩合度相关，常用于表征物质内苯

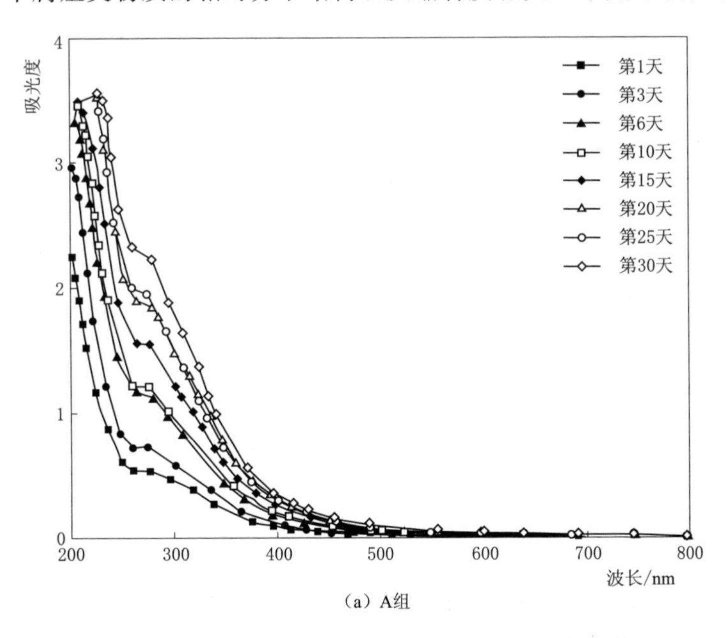

(a) A组

图 5.13（一） 污泥堆肥在不同阶段 DOM 的紫外可见光谱的变化

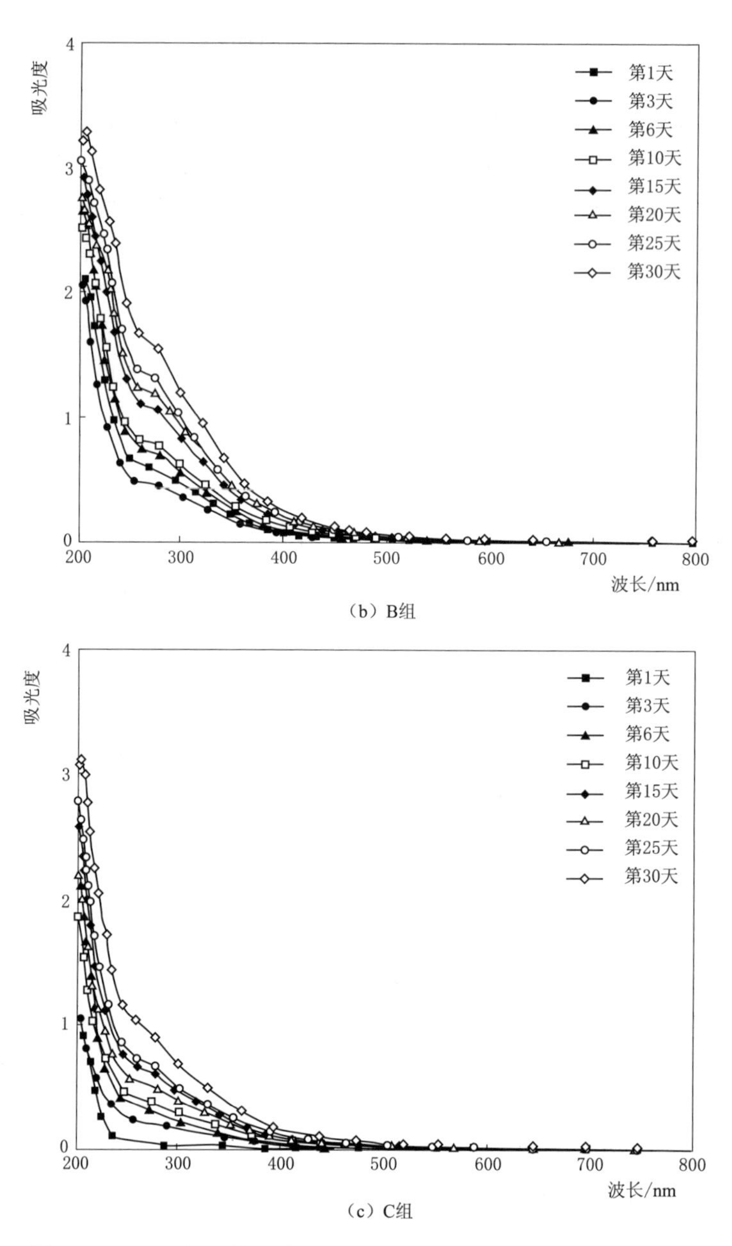

（b）B组

（c）C组

图 5.13（二） 污泥堆肥在不同阶段 DOM 的紫外可见光谱的变化

环C骨架的聚合程度，是目前常用的用于评价堆肥腐熟度的一个指标。堆体内芳香化程度和腐殖化程度越高，E_4/E_6 的比值越小。如图 5.14 所示为堆肥过程中不同污泥堆肥 E_4/E_6 比值的变化，A组和B组在堆肥前期 E_4/E_6 的比值下降，在进入降温期之后，该比值随着堆肥的进行而上升，而C组的 $E_4/$

E_6 呈现为波动式上升，与堆肥初始相比，B、C 两组的 E_4/E_6 比值均有所上升，而 A 组 E_4/E_6 比值均有所下降。该现象考虑为堆肥初，微生物分解大分子物质为小分子腐殖酸，但随着堆肥的进行，小分子腐殖酸又被利用合成大分子腐殖酸，导致 E_4/E_6 的比值上升。在对水溶性有机物的研究中，有研究指出 E_4/E_6 不仅受有机质结构的影响，还与 pH 值、有机物中 O、C、—COOH 含量以及总酸度有关。因在本研究中，该值将不单独用于堆肥腐熟程度的评判，而将结合其他指标一同分析。

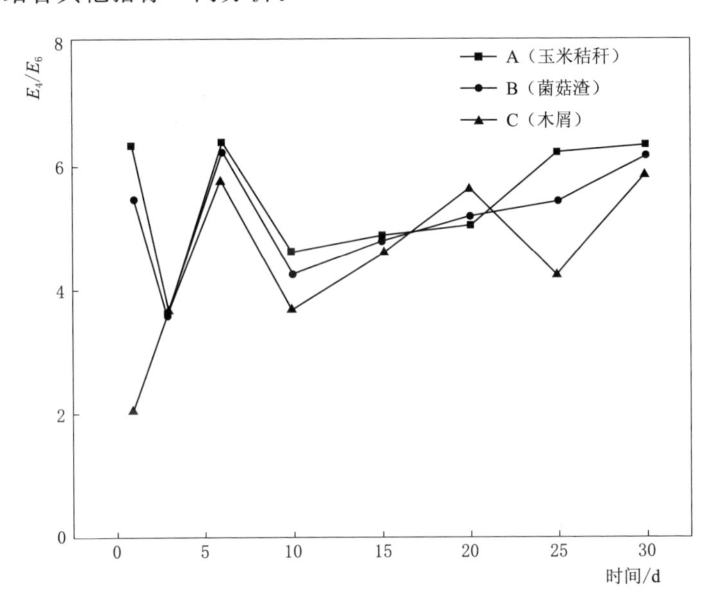

图 5.14 堆肥过程中不同污泥堆肥 E_4/E_6 比值的变化

DOM 紫外吸收光谱中在波长 200nm 附近可能受水分、溶解氧的影响，而在 200～226nm 波长处可能会受无机离子吸收所影响，因此均不适合用来描述可溶性有机物特性。堆肥的水溶性有机物中含有芳香类有机质，导致其在 226～400nm 波长下紫外吸收强度大。根据研究表明，不饱和键的 $\pi-\pi^*$ 跃迁引起吸收带主要在 226～250nm 波长范围内，而具有多个共轭系统的苯环结构是使得 250～400nm 波长范围内出现吸收带的主要原因。故本书使用面积积分法对 226～400nm 波长范围内的紫外吸光度进行处理，用于表征堆肥 DOM 中芳构化程度变化。如图 5.15 所示为堆肥过程中不同处理的 $A_{226\text{-}400}$（226～400nm 范围内的波长）的变化，堆肥初 A 组和 B 组的 $A_{226\text{-}400}$ 接近且明显高于 C 组，三组的 $A_{226\text{-}400}$ 均随着堆肥时间的延长而增大，表明堆肥中含苯环的有机化合物随着堆肥时间的增加而增加，芳构化程度加深，堆肥趋于稳定化。从图中可以看出在整个堆肥过程中，三组中 $A_{226\text{-}400}$ 始终是 A 组＞B 组＞C 组，添加辅料的不同是引起该现象的主要原因。

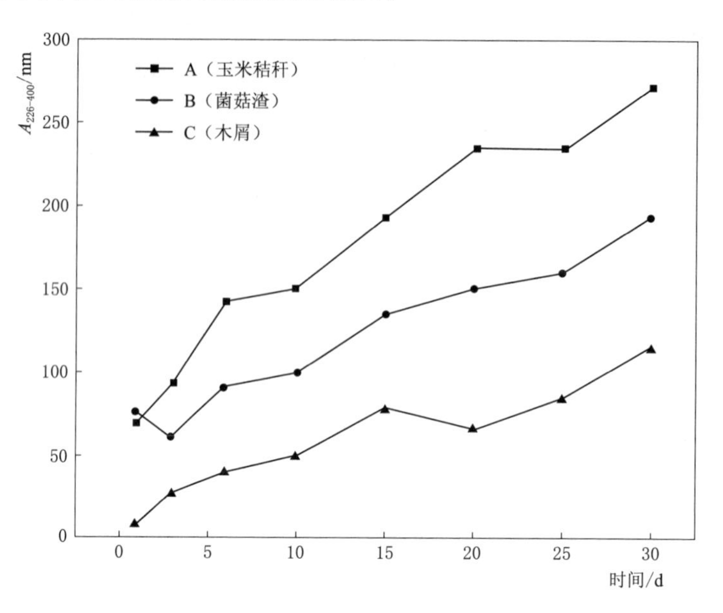

图 5.15 堆肥过程中不同处理的 $A_{226\text{-}400}$ 的变化

(2) 堆肥中水溶性有机物三维荧光分析。堆肥中的不同水溶性有机物在不同的激发和发射波长中吸收强度不同，故在好氧堆肥的研究中常用三维荧光光谱来表征堆肥的腐殖化程度。如图 5.16 所示为不同辅料堆肥过程中的三维荧光光谱变化，与 C 组相比，A 组和 B 组的光谱图在堆肥各阶段更为相似。在堆肥初，A 组和 B 组的荧光峰均在 E_x/E_m =400nm/500nm 附近，在 Stedmon 等的研究中该荧光峰的物质主要为富里酸，为腐殖酸的一种，且随着堆肥时间的增加，该荧光峰强度降低，并逐渐往长发射及激发波长方向移动。C 组在堆肥开始时，存在 3 个荧光峰主要为类色氨酸、可见腐殖酸等物质，在第 3 天时，只存在一个荧光峰，表明堆体内类色氨酸类物质被消耗殆尽，腐殖酸类物质增加。

CHEN 等在研究中首次提出区域积分（FRI）方法对水溶性有机物的三维荧光光谱进行分析，将光谱分为五个区域，分别为：Ⅰ区类酪氨酸（E_x/E_m = 200～250nm/250～330nm)；Ⅱ区类色氨酸（E_x/E_m = 200～250nm/330～380nm)；Ⅲ区类富里酸（E_x/E_m =200～250nm/380～600nm)；Ⅳ区溶解性微生物产物（E_x/E_m = 250～500nm/250～330nm）表征；Ⅴ区类腐殖质（E_x/E_m =250～500nm/380～600nm)，后将每个区域进行体积积分。

如图 5.17 为不同辅料在堆肥过程中区域积分的变化。从图中可以看出在堆肥过程中三组中Ⅴ区域的体积占比始终在 50%以上，且随着堆肥的进行 A、C 两组该区域占比先升高后降低，B 先降低后升高，考虑是在高温期在堆体内

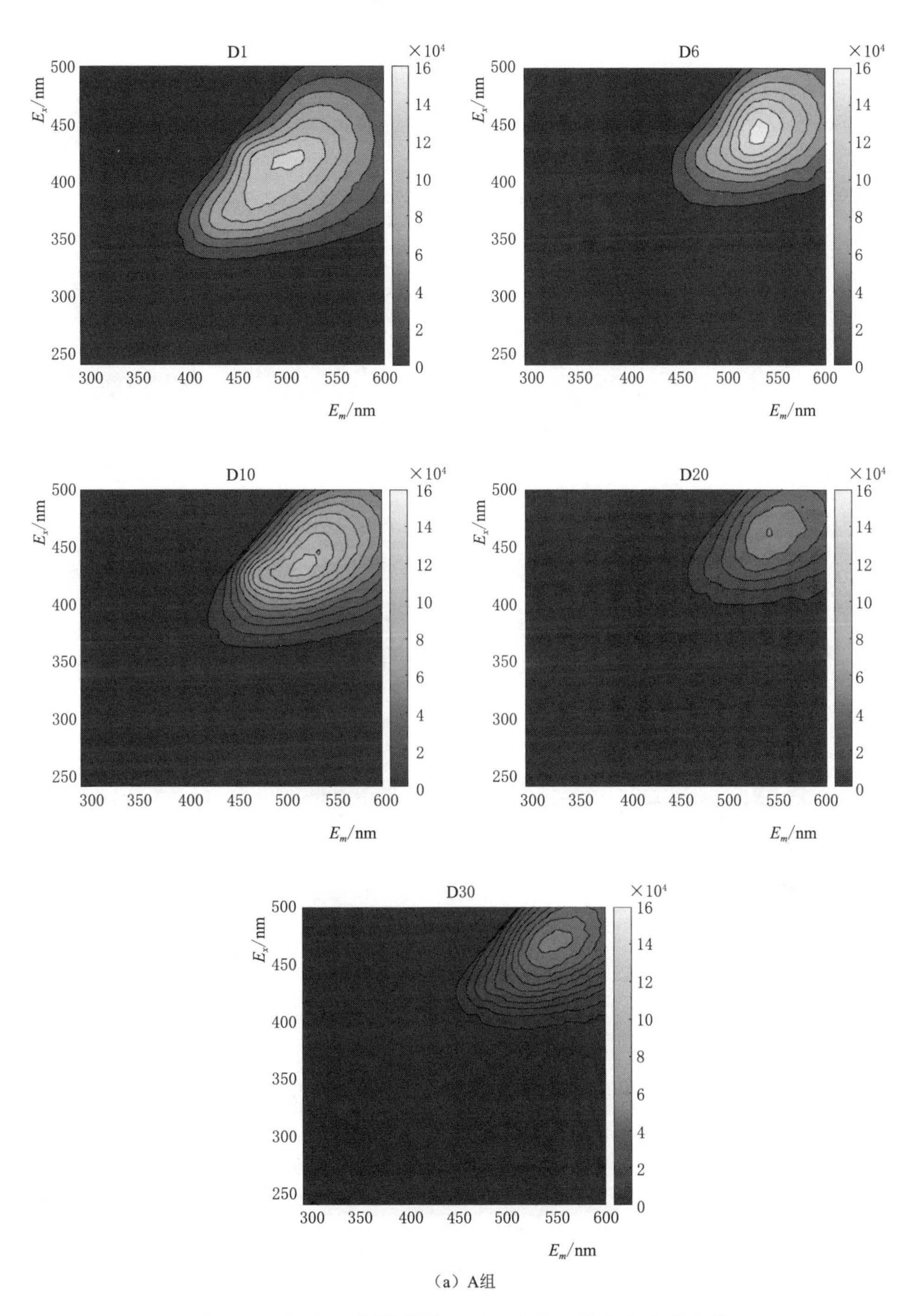

(a) A组

图 5.16（一） 不同辅料堆肥过程中的三维荧光光谱变化

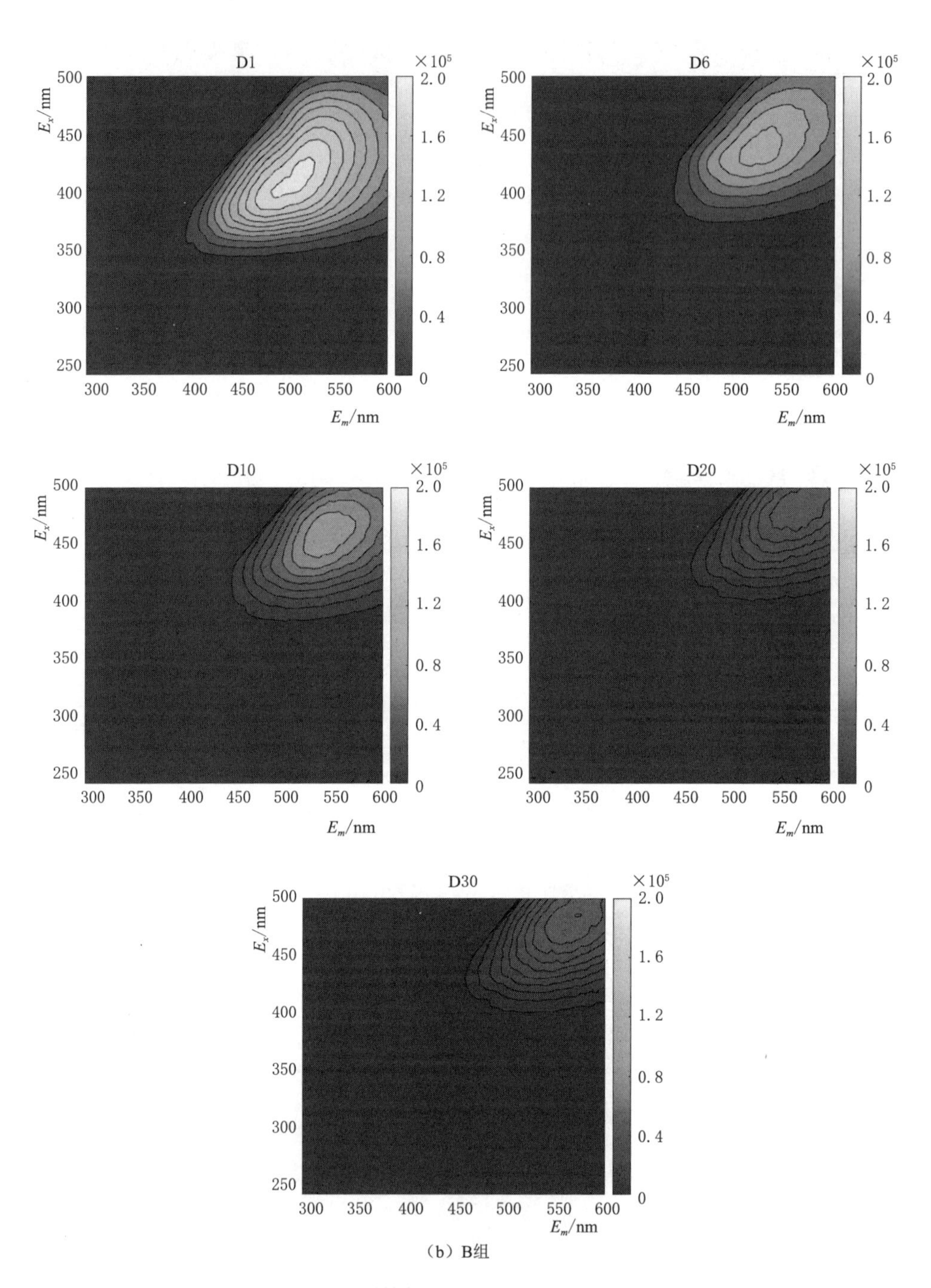

（b）B组

图 5.16（二） 不同辅料堆肥过程中的三维荧光光谱变化

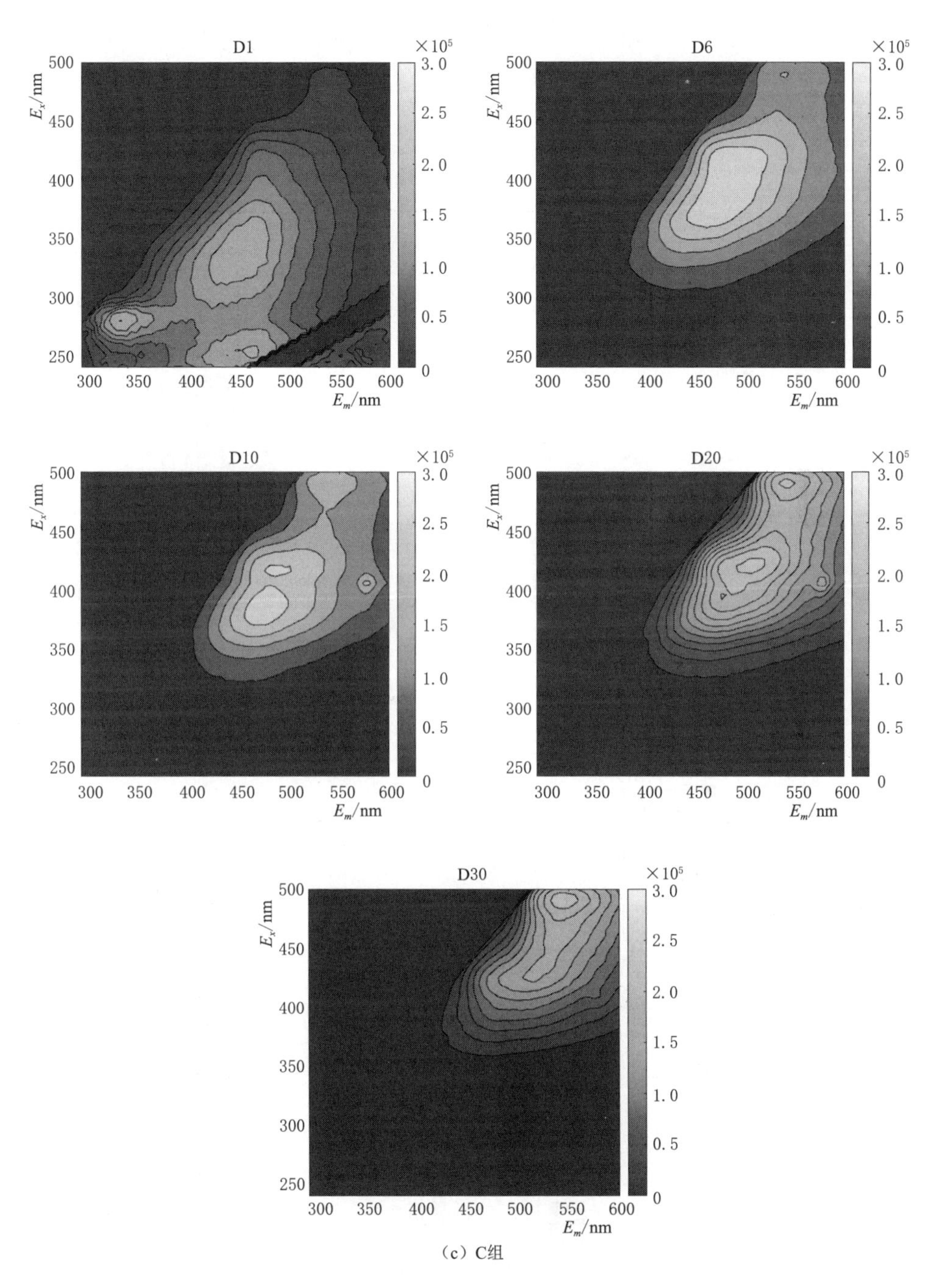

（c）C组

图 5.16（三） 不同辅料堆肥过程中的三维荧光光谱变化

微生物的作用下，堆体内的腐殖酸物质生成，而随着堆体内易降解有机质被消耗殆尽，微生物开始对难降解有机物进行降解，同时对先前生成的腐殖质类物质进一步利用，并生成相对分子量更大且更加稳定的腐殖质类物质。

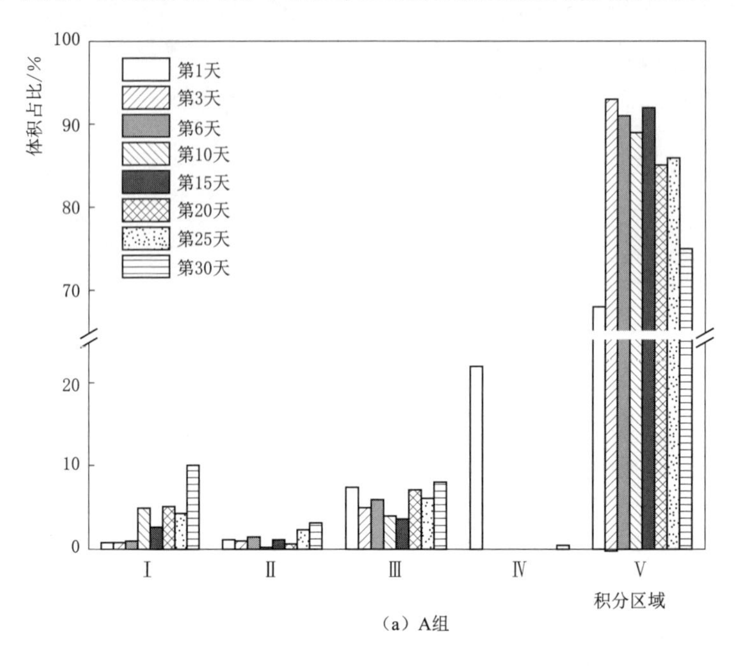

(a) A组

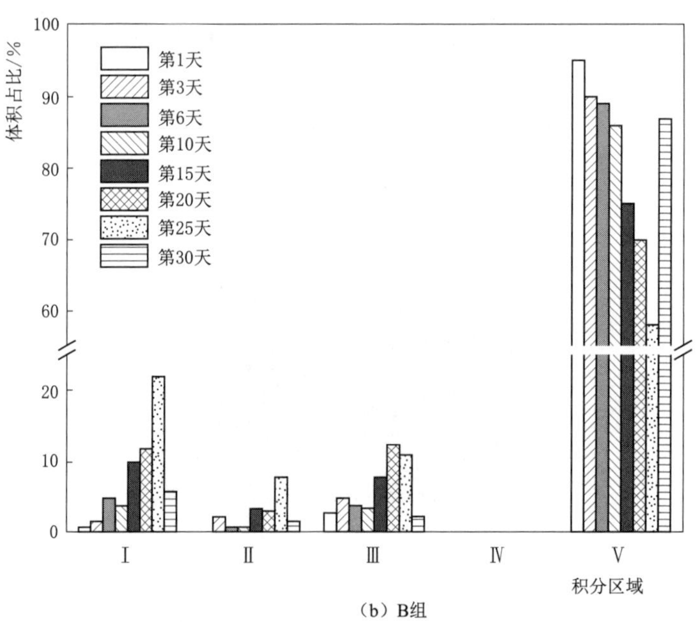

(b) B组

图5.17（一） 不同辅料堆肥过程中区域积分的变化

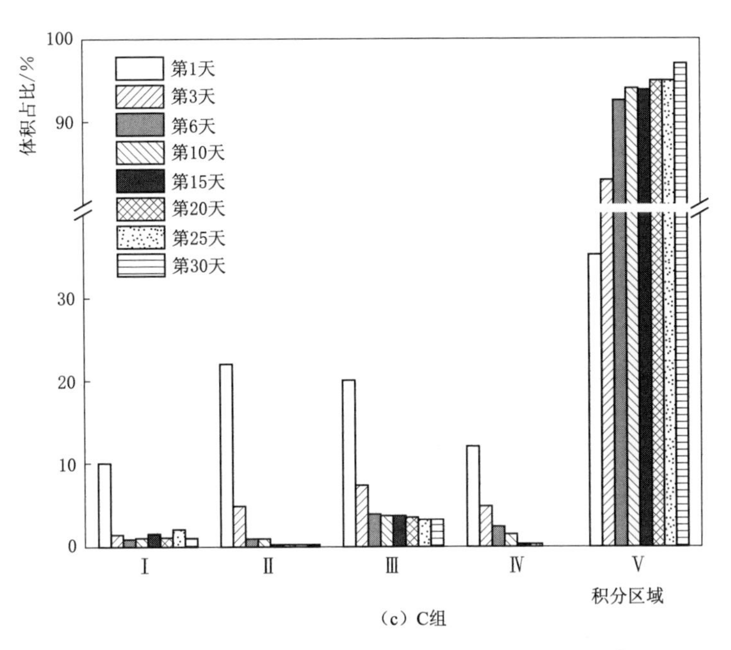

(c) C组

图 5.17（二） 不同辅料堆肥过程中区域积分的变化

4. 堆肥中重金属分析

由于污泥为污水处理的次生产物，污水中的重金属被富集到污泥中，因而在污泥土地利用时需要对污泥中重金属含量进行检测，以免造成污染进而引发更大的环境问题。

表 5.2 为污泥堆肥结束后不同污泥堆肥的重金属含量以及国家标准要求。所有污泥堆肥均符合《城镇污水处理厂污泥处置 园林绿化用泥质》（GB/T 23486—2009）的重金属含量规定，并且除了总砷和总锌以外，其他几种重金属均远远小于该标准的规定。根据《农用污泥污染物控制标准》（GB 4284—2018）的规定，A 级污泥适用于容易进入食物链的土地，例如耕地、园地和牧草地，B 级污泥用于园地、牧草地、不种植农作物的耕地。三组堆肥产品中除总砷外，其余重金属含量均远低于《农用污泥污染物控制标准》（GB 4284—2018）中 B 级污泥的要求，与 A 级污泥要求相比，三种堆肥产品中总砷含量均不满足该要求，其余重金属均低于 A 级污泥要求。在《绿化种植土壤》（CJ/T 340—2016）中同人群接触较多的场所满足，同人群接触较少的场所应满足Ⅲ级要求。从表中可以看出，污泥堆肥中总镉、总汞、总砷、总锌不满足Ⅱ、Ⅲ级要求，其余几种重金属含量符合要求。综上所述，本研究堆肥产品均已满足污泥土地利用要求，但尚且不能单独作为绿化种植土壤使用。

表 5.2　　不同污泥堆肥中的重金属含量以及国家标准要求　　单位：mg/kg

重金属种类	A	B	C	《城镇污水处理厂污泥处置 园林绿化用泥质》(GB/T 23486—2009)	《农用污泥污染物控制标准》(GB 4284—2018)		《绿化种植土壤》(CJ/T 340—2016)	
					A	B	Ⅱ	Ⅲ
总镉	1.36	1.19	1.18	20	3	15	0.6	1
总汞	1.28	1.38	1.66	15	5	15	1.0	1.5
总铅	17.84	10.60	16.89	1000	300	1000	300	450
总铬	108.14	117.13	89.11	1000	500	1000	200	250
总砷	63.24	63.85	77.87	75	30	75	30	35
总镍	26.60	24.82	24.12	200	100	200	80	150
总铜	86.89	76.98	71.87	1500	500	3000	300	400
总锌	1080.50	999.93	1025.29	4000	1200	3000	350	500

5. 堆肥指标间的相关性分析

如图 5.18 所示为堆肥过程中监测指标的相关性分析。可以看出在基本理

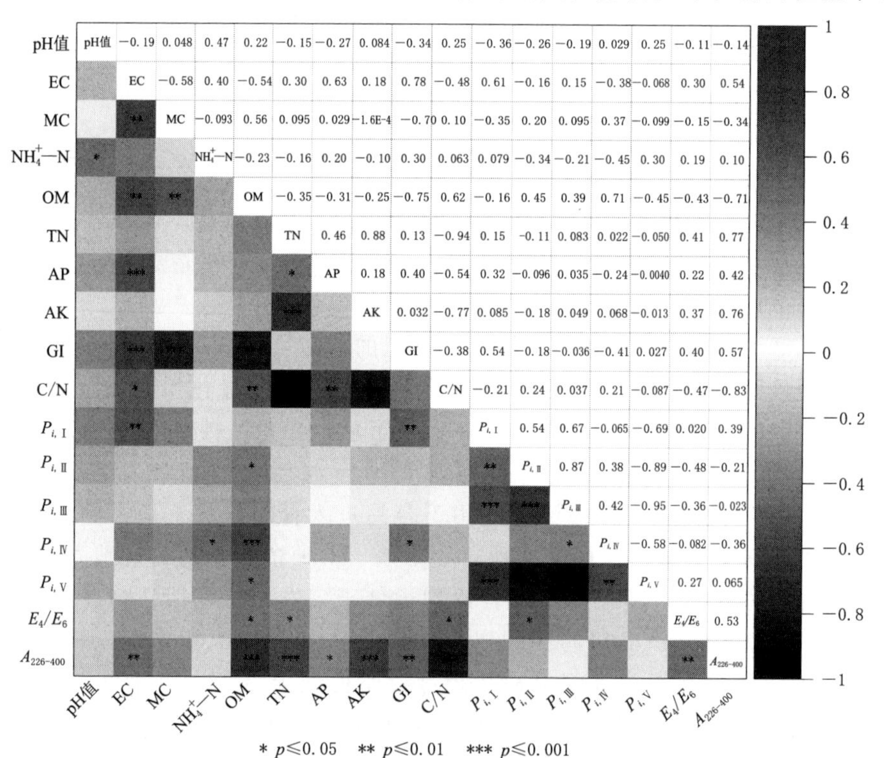

* $p \leq 0.05$　** $p \leq 0.01$　*** $p \leq 0.001$

图 5.18　堆肥过程中监测指标的相关性分析

$P_{i,Ⅰ}$—第一个区域（荧光芳香类蛋白Ⅰ）的积分面积；$P_{i,Ⅱ}$—第二个区域（荧光芳香类蛋白Ⅱ）的积分面积；$P_{i,Ⅲ}$—第三个区域（富里酸类）的积分面积；$P_{i,Ⅳ}$—第四个区域（溶解性微生物代谢产物）的积分面积；$P_{i,Ⅴ}$—第五个区域（类腐殖酸）的积分面积

化指标及养分指标中，pH 值与铵态氮呈显著正相关；含水率与有机质呈极显著正相关，与种子发芽指数呈极显著负相关；有机质与 C/N 呈极显著正相关，与种子发芽指数呈极显著负相关；C/N 与总氮、有效磷、速效钾呈极显著负相关。

在光谱指标中，E_4/E_6 与总氮呈显著正相关，与有机质、C/N、Ⅱ区域积分占比呈显著负相关；$A_{226\text{-}400}$ 与电导率、总氮、速效钾、种子发芽率呈显著正相关，与含水率、有机质、C/N 呈显著负相关，表明在堆肥过程中堆体内腐殖化程度随着堆肥时间的增加而加深。

5.3 技术新成土制备过程与指标分析

人工土壤作为补充天然土壤的存在，其各性质应与天然土壤相近，并符合国家相关标准要求。本书将污泥堆肥和废弃泥渣混合制备了 15 种人工土壤，将人工土壤与天然土壤以及国家标准进行比较，分析不同污泥堆肥以及添加量对人工土壤理化性质、养分指标的影响。

5.3.1 人工土壤配制研究

1. 材料与处理

本试验原料为三种污泥堆肥以及废弃泥渣，泥渣取自西安市外环高速公路施工单位。各原料的基本性质见表 5.3。

表 5.3 各原料的基本性质

材料	pH 值	EC /(μS/cm)	有机质 /(g/kg)	总氮 /(g/kg)	水解性氮 /(mg/kg)	有效磷 /(mg/kg)	速效钾 /(mg/kg)
泥渣	8.57	106	3.88	0.26	11.33	33	109
污泥＋玉米秸秆堆肥	7.34	1028	494.19	25.74	2502.07	1424	4400
污泥＋菌菇渣堆肥	7.02	1652	478.13	23.58	3213.30	2264	1952
污泥＋木屑堆肥	7.34	916	496.87	19.97	2907.27	1144	1280

图 5.19 为泥渣颗粒粒径分布结构，泥渣颗粒粒径在 10～50μm 的含量最高，高达 50%以上，根据我国土壤质地分类标准，属于壤土中的粉砂土。泥渣的前八种化学成分组成见表 5.4，其中含量最高的为 SiO_2，占比近 60%，和土壤的化学成分组成相似。

表 5.4 泥渣的前八种化学组成

化学成分	SiO_2	Al_2O_3	CaO	Fe_2O_3	K_2O	MgO	Na_2O	TiO_2
含量/%	58.98	14.85	8.13	8.12	3.76	3.01	1.34	0.92

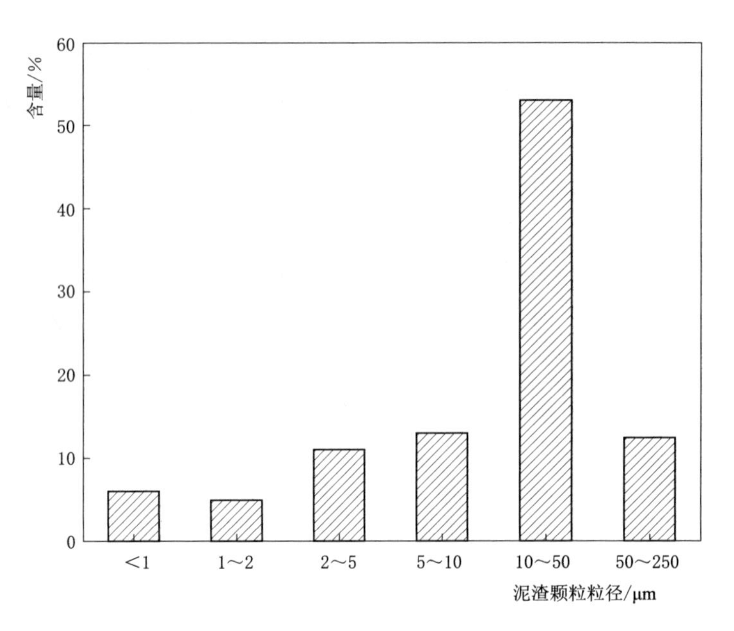

图 5.19　泥渣颗粒粒径分布结构

2. 试验设计与样品采集

将上述原料风干后进行粉碎处理，并过 2mm 孔筛。本试验单组制备的人工土壤质量为 200g，共设 15 个处理组，见表 5.5。将污泥堆肥和废弃泥渣按照配比倒入烧杯后，加入 60%的水，使用机械搅拌机进行搅拌，保证两种原料混合均匀的同时促进人工土壤中团聚体的形成。将搅拌均匀的复配土风干、过筛后，编号装袋用于之后土壤理化性质的测定。通过对理化指标的分析，确定最优的复配比例。

表 5.5　　不同人工土壤的原料及配比

污泥堆肥种类	处理组	污泥堆肥（占干重）/%	废弃泥渣（占干重）/%
A	T1	10	90
	T2	30	70
	T3	50	50
	T4	70	30
	T5	90	10
B	T6	10	90
	T7	30	70
	T8	50	50
	T9	70	30

续表

污泥堆肥种类	处理组	污泥堆肥（占干重）/%	废弃泥渣（占干重）/%
B	T10	90	10
C	T11	10	90
	T12	30	70
	T13	50	50
	T14	70	30
	T15	90	10

5.3.2 堆肥及配比对人工土壤理化指标的影响

1. 对密度的影响

土壤单位容积内的土壤质量为土壤密度，而根据土壤的干湿不同，将密度细分为干密度与湿密度。土壤密度小，则说明土壤内疏松多孔；土壤密度大，则土壤密实，内部孔隙少。土壤密度与植物根系生长相关，不同的植物对土壤密度的要求不同，如高大的乔木类植物在干密度小的土壤中难以固定本身，却十分适宜草本和小灌木类植物生长。当土壤的密度过高时，会直接对植物的根系生长产生负面影响。有研究认为当土壤密度超过 1.4g/cm^3 时，植物根系的生长已经达到了其极限；还有试验结果还表明，当土壤密度大于 1.6g/cm^3 时，植物根苗成活的可能性几乎为 0。

如图 5.20（a）所示为三种辅料堆肥产品在不同添加量下对人工土壤干密度的影响，可以看出随着堆肥添加量的增加，人工土壤的干密度随之减小，当堆肥添加量达 70%后，继续增加污泥堆肥对人工土壤的干密度影响较小。在相同的添加量下，其中以菌菇渣为辅料的堆肥产品干密度最大，以秸秆为辅料的堆肥产品干密度最小，这是由于辅料本身性质导致，即菌菇渣的密度大于玉米秸秆的密度。参考土样的干密度（西安市灞桥区耕地土壤）为 1.16g/cm^3，均高于配制的人工土壤干密度。在林业标准《绿化用有机基质》（LY/T 1970—2011）对人工土壤的干密度的要求为 0.1～0.8g/cm^3，除堆肥添加量为 10%的人工土壤外，其余的人工土壤干密度均在此范围内，满足标准要求。

湿密度是土壤在饱和持水状态下的密度，干密度一般用于评价土壤密实度，而湿密度则是考虑到承重的要求。在国家标准《绿化用有机基质》（GB/T 33891—2017）对人工土壤的湿密度的要求是小于 1.2g/cm^3，若人工土壤用于屋顶绿化种植，则湿密度应当小于 0.8g/cm^3。如图 5.20（b）所示为三种辅料堆肥产品在不同添加量下对人工土壤干密度的影响。参考土样的湿密度为 2.3g/cm^3，人工土壤的湿密度均为 0.6～1.4g/cm^3，远小于参考土样的湿密

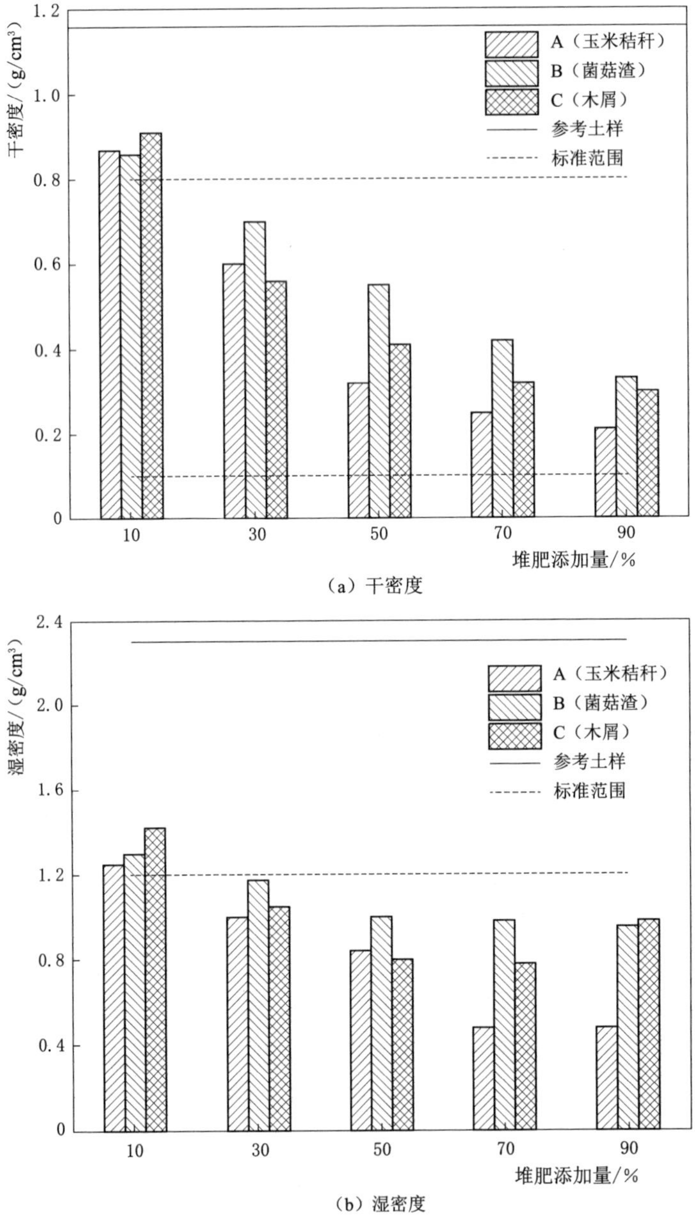

（a）干密度

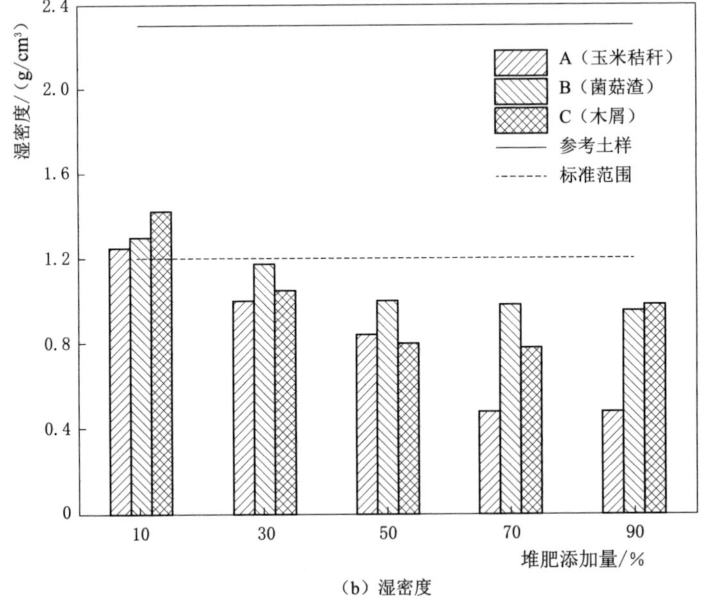

（b）湿密度

图5.20 不同人工土壤中密度的变化

度。在5种添加量中，除了堆肥产品添加量为10%外，其余添加量的人工土壤湿密度均小于$1.2g/cm^3$满足标准要求。

2. 对孔隙度的影响

土壤孔隙度是指土壤中各种孔隙所占单位体积的比例，它与土壤的保水保肥性、通气透水性以及植物根系的生长关系密切，是衡量评价土壤质量的重要指标之一。土壤中各种孔隙都有其自身的特征和功能，它们之间相互联系、相互影响并共同制约着土壤的物理性质和化学性质，从而决定了作物产量的高低及品质的好坏。土壤中的孔隙大小决定了其孔隙类型，包括无效孔隙、毛管孔隙和非毛管孔隙，这三种的总和构成了土壤总孔隙。

如图 5.21 为不同堆肥添加量下人工土壤中孔隙度的变化。土壤毛管孔隙为孔径为 0.002～0.02mm 的孔隙，这类孔隙有明显的毛管作用，可使水分维持在毛管内，为植物生长提供补给，被视为植物生长利用最有效的水，对土壤水盐运移规律、肥料效应等有重要意义。随着毛管孔隙度的增加，土壤的储水能力也随之提升。在污泥堆肥添加量小于 50%时，不同人工土壤在污泥堆肥添加量相同的情况下，毛管孔隙度接近。随着污泥堆肥添加量的增加，B 组和 C 组的毛管孔隙度随之增加，而 A 组的人工土壤在堆肥添加量高于 50%后，其毛管孔隙度随着添加量的增加而下降。在有关标准中并未对毛管孔隙度做出要求，而参考土样的毛管孔隙度为 43.5%，当堆肥产品添加量为 30%时，三种人工土壤的毛管孔隙度都与此相近。

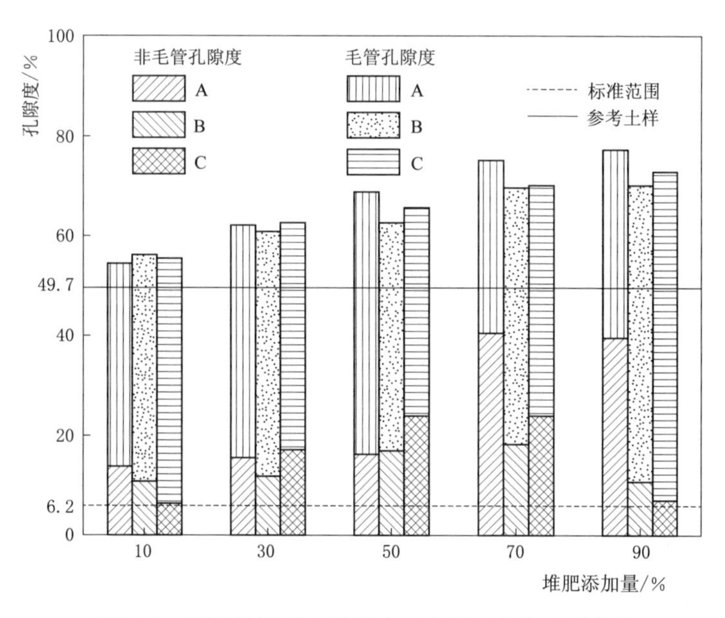

图 5.21　不同堆肥添加量下人工土壤中孔隙度的变化

非毛管孔隙为孔径在 0.02mm 以上的孔隙，这类孔隙因其直径大而不受毛管力影响，是通气透水的通道，又称通气孔隙。其数量及大小直接影响土壤通气透水的功能，在相关标准中也对非毛管孔隙度作要求。在《绿化种植土壤》（CJ/T 340—2016）中对非毛管孔隙度的要求是在 5%～25%，除 A 组堆肥产品添加量为 70％及 90％的人工土壤不满足该要求，其余人工土壤均满足该要求。参考土样的非毛管孔隙度为 6.2％，除 C 组中堆肥添加量为 10％的人工土壤外，其余人工土壤均高于参考土样。人工土壤的非毛管孔隙度随着堆肥产品添加量的增加呈先上升后下降的趋势，在堆肥产品添加量为 50％时，非毛管孔隙度达到峰值。

人工土壤的总孔隙度随着堆肥产品添加比例的增加而增加，考虑是堆肥过程中玉米秸秆等辅料的加入使孔隙增加。在《绿化种植土壤》（CJ/T 340—2016）中对总孔隙度的要求是大于 49％，参考土样的总孔隙度为 49.7％，本书配制的人工土壤均符合其要求且高于参考土样。在由三种不同堆肥产品配制而成的人工土壤中，添加量相同的情况下，以秸秆为辅料的堆肥产品配制而成的人工土壤总孔隙度最大，以木屑为辅料的次之，以菌菇渣为辅料的最小。

3. 对水稳性团聚体的影响

土壤中的土壤颗粒一般不以单粒形式存在，往往通过内部以及外部的作用下，聚合成大小、形态不一的团聚体，又称为土壤的结构体。结构体中只有团粒结构体是利于作物生长以及农业生产的，具有良好的孔隙结构，能够很好地协调水分和空气的矛盾以及土壤中养分消耗和积累的矛盾，改善土壤的透水通气的能力，使土壤中水、肥、气、热状况均处于一个协调的状态，能够满足植物生长发育的要求，有利于稳产高产。评价土壤结构除了评价整体结构还应关注土壤的稳定性，本书用团聚体的水稳性来评价土壤的稳定性。团聚体的水稳性是指在降水、灌溉水的冲击和浸泡作用下土壤结构体不易分散的性能。

如图 5.22 所示为不同人工土壤中水稳性团聚体的分布，可以看出随着堆肥产品添加量的增加，250μm 及以下的团聚体比例逐渐减小，而 250μm 以上的水稳性团聚体比例逐渐增大。由于废弃泥渣颗粒粒径较小，均在 250μm 以下，因此当人工土壤中废弃泥渣所占比例较大时，小粒径的团聚体所占比例较大；而污泥及农业废弃物在好氧堆肥过程中不断产生腐殖质类物质，当人工土壤中堆肥产品比例增加时，这些腐殖质起到胶结作用，促进水稳性大团聚体结构的生成。土壤的稳定性很重要，但水稳性大团聚体含量也不是越高越好，对于旱地来说，以 50～250μm 的团聚体作为肥力特征，即该粒径范围中的团聚体所占比例越高，象征着土壤肥力越好。

4. 对 pH 值的影响

pH 值是土壤的基本特性之一，而不同的植物对 pH 值的要求也各不相同，大多数植物钟爱生长于 pH 值为 6.5～7.5 的中性或酸性土壤中。泥渣作为一种常见固体废弃物，一般呈碱性，不适合直接种植植物，故将其与堆肥进行混合，使 pH 值达合适范围内。如图 5.23 所示为不同堆肥添加量下人工土壤 pH

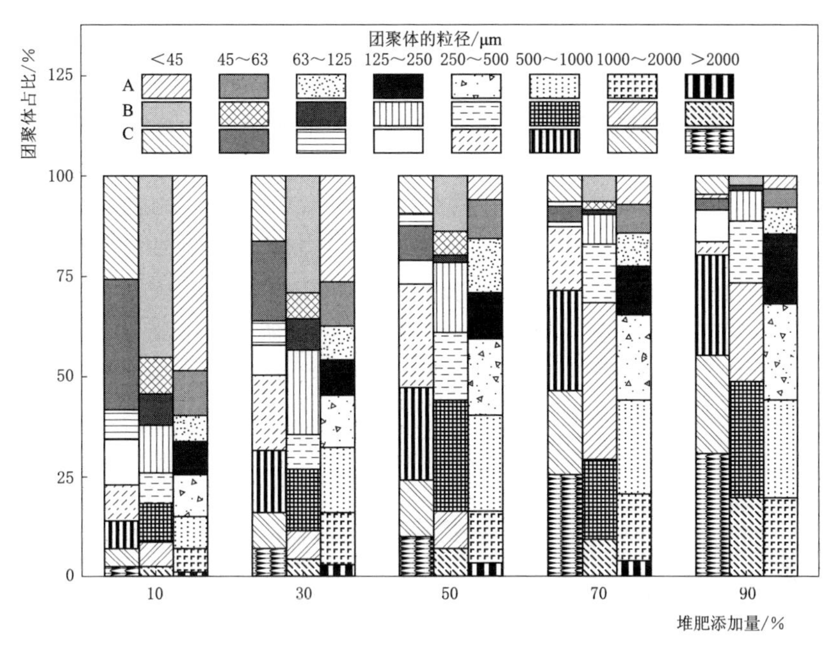

图 5.22 不同人工土壤中水稳性团聚体的变化

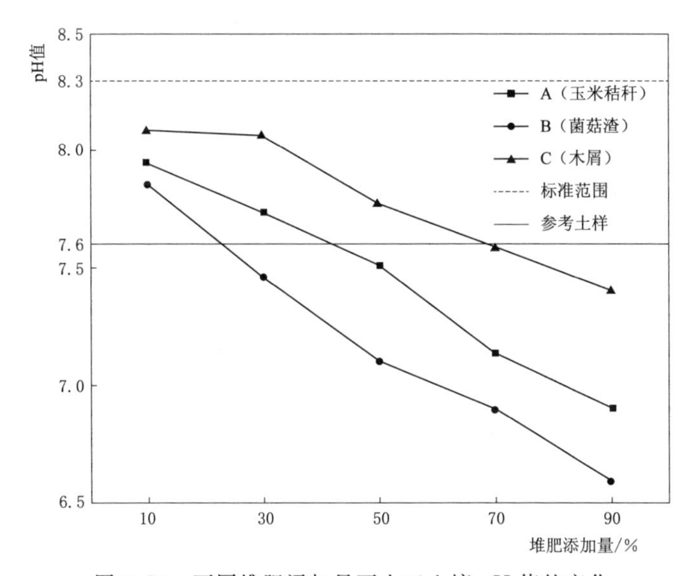

图 5.23 不同堆肥添加量下人工土壤 pH 值的变化

值的变化，可以看出随着污泥堆肥添加量的增加，人工土壤的 pH 值逐渐下降；在相同添加量的情况下，C 组污泥堆肥配制的人工土壤 pH 值最高，B 组污泥堆肥配制的人工土壤 pH 值最低，这是由于堆肥产品本身 pH 值决定。参考土壤的 pH 值为 7.6，而在《绿化种植土壤》（CJ/T 340—2016）中为了满足大部分植物的生长需求，故将 pH 值的范围定在 5.5～8.3，各组人工土壤均符合该要求；在《绿化用有机基质》（GB/T 33891—2017）中对人工土壤 pH 值的要求是在 5～8，除了 C 组堆肥产品添加量为 10%的人工土壤外，其余人工土壤均在此范围内。

5. 对电导率 EC 的影响

土壤电导率一般用于评价土壤盐分含量，过高的盐分含量会严重影响植物的成活率。根据相关研究，土壤盐分含量一般和土壤的速效养分呈正比，电导率低，则说明土壤中养分缺乏，而电导率过高则说明土壤中盐分含量过高，容易出现烧苗现象。泥渣作为一种无机类固体废弃物，其中含盐量及养分含量均低，而园林废弃物与污泥联合处理生成的堆肥产品中养分含量高，因此将两者联合配成的人工土壤更加符合相关标准的要求。

如图 5.24 为不同堆肥添加量下人工土壤 EC 的变化，可以看出随着堆肥产品添加量的增加，人工土壤的电导率也相应增加，且添加菌菇渣的堆肥产品其电导率远大于其他两种堆肥产品，因此在相同添加量下，B 组人工土壤的添加量高于其他两组。在国家住建部颁布的《绿化种植土壤》（CJ/T 340—2016）中对人工土壤电导率的要求是 0.15～0.90mS/cm，C 组人工土壤除了添加量为 90%的人工土壤不符合，其余均满足，而 A 组和 B 组仅在堆肥产品添加量小于 50%时在此范围内；林业标准《绿化用有机基质》（GB/T 33891—2017）中要求人工土壤的电导率为 0.35～1.50mS/cm，堆肥产品添加量为 30%～70%的人工土壤均符合该要求。

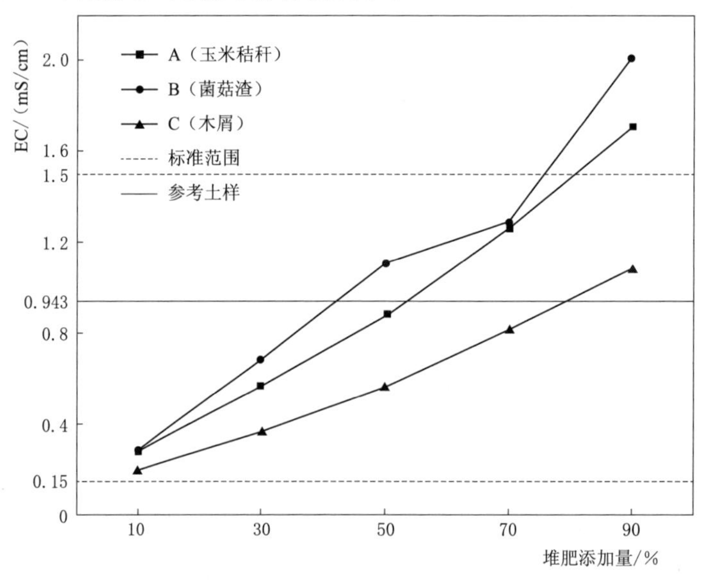

图 5.24　不同堆肥添加量下人工土壤中 EC 的变化

5.3.3 堆肥及配比对人工土壤养分指标的影响

1. 对有机质的影响

在土壤中，有机质不仅是各种营养元素的主要来源，同时也是微生物生命活动所必需的碳源。有机质对植物生长发育、土壤肥力及土壤生物活性均有显著影响，其具备的胶体性质，不仅能够提升土壤的阳离子交换量，同时也能够增强土壤的肥力和缓冲性，从而使其具备更为优越的特性；此外，有机质还能促进土壤结构的松散和多孔，从而改善其物理特性。因此，评估土壤的肥力水平时，有机质含量是一项常用的指标。

如图 5.25 所示为不同堆肥添加量下人工土壤中有机质含量的变化。人工土壤中的有机质随着堆肥产品添加量的增加而增加，主要由于堆肥产品中的有机质含量远高于废弃泥渣，因此当其添加量增加时，人工土壤中有机质含量增加幅度也较大。由于三种堆肥产品中的有机质含量相近，因此在堆肥产品添加量相同的情况下，不同堆肥产品配制而成的人工土壤中有机质含量也接近。在《绿化人工土壤》对人工土壤中有机质含量的要求为 15g/kg 以上，本书配制的人工土壤均高于其要求，而参考土壤中有机质含量为 47.6g/kg，堆肥产品添加量为 10%的人工土壤与其接近。

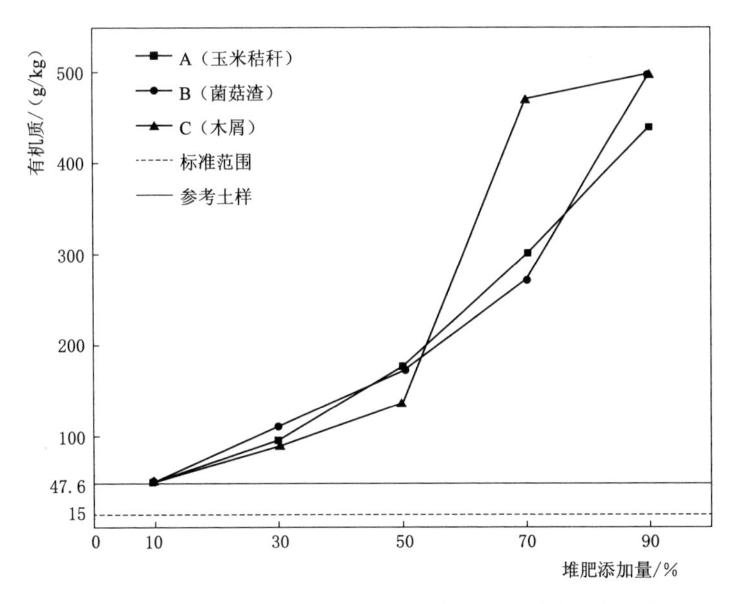

图 5.25　不同堆肥添加量下人工土壤中有机质含量的变化

2. 对总氮的影响

土壤中的总氮包括有机态氮和无机态氮，而其中主要的氮素为有机态氮。有机质、动植物残体和腐殖质构成了有机氮的主要成分，需要在土壤微生物的作用下转化为无机氮才能被植物吸收和利用，而铵态氮和硝态氮则是无机氮的主要成分。因此土壤总氮也用于评价土壤基础肥力。

如图5.26所示为不同堆肥添加量下人工土壤中总氮含量的变化，可以看出当人工土壤中污泥堆肥的添加量增加时，其总氮含量也随之增加。三种堆肥产品的总氮含量均在废弃泥渣的20倍以上，因此在堆肥添加量较小，废弃泥渣所占比例较大的人工土壤中，不同堆肥产品之间总氮含量对人工土壤的影响较小；而当人工土壤中堆肥产品比例增大时，总氮含量高的堆肥产品其人工土壤的总氮含量也高。参考土样的总氮含量为2.15g/kg，人工土壤在堆肥产品添加量为10%时，与该参考土壤最接近，当堆肥添加量增加到90%后，人工土壤中的总氮含量远高于参考土壤；而在相关标准中并未对总氮含量进行具体要求。

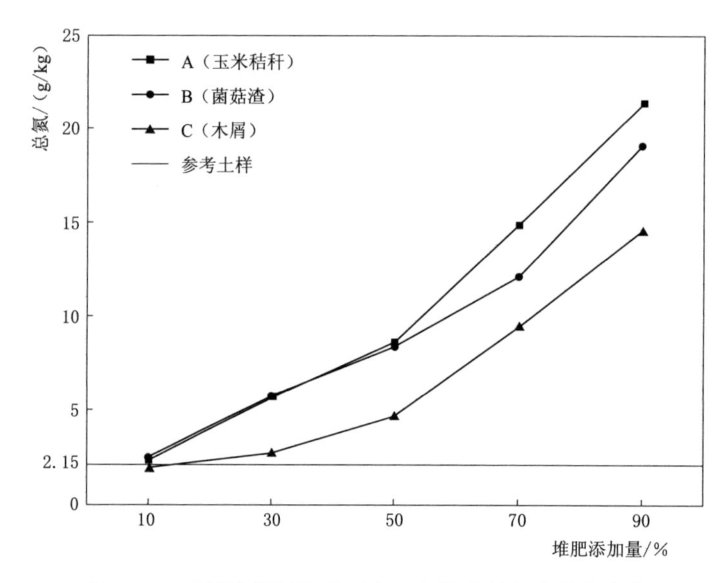

图5.26 不同堆肥添加量下人工土壤中总氮含量的变化

3. 对水解性氮的影响

土壤的水解性氮又名有效氮，包括了无机态氮和简单易分解的有机态氮，可以在一定程度上反映土壤中氮素的供应情况，与植物生长发育联系紧密。

如图5.27所示为不同堆肥添加量对人工土壤水解性氮含量的影响，可以看出随着堆肥添加量的增加，人工土壤中水解性氮含量快速增加，当堆肥产品添加量从30%增加到50%时，人工土壤中水解性氮增加幅度最大。由于污泥堆肥中水解性氮含量也较高，均在2.50g/kg以上，为废弃泥渣的200倍以上，因而需配制成人工土壤后再进行利用。参考土样中的水解性氮含量为0.27g/kg，与堆肥产品添加量为10%的人工土壤含量相近，而在《绿化种植土壤》（CJ/T 340—2016）中对水解性氮的含量要求是在0.04g/kg以上，配制的人工土壤均远满足该要求。土壤水解性氮虽然是植物生长的重要养分之一，但若其过高，则不利于植物的长期生长，故人工土壤中的水解性氮含量最高不超过 1.50g/kg。

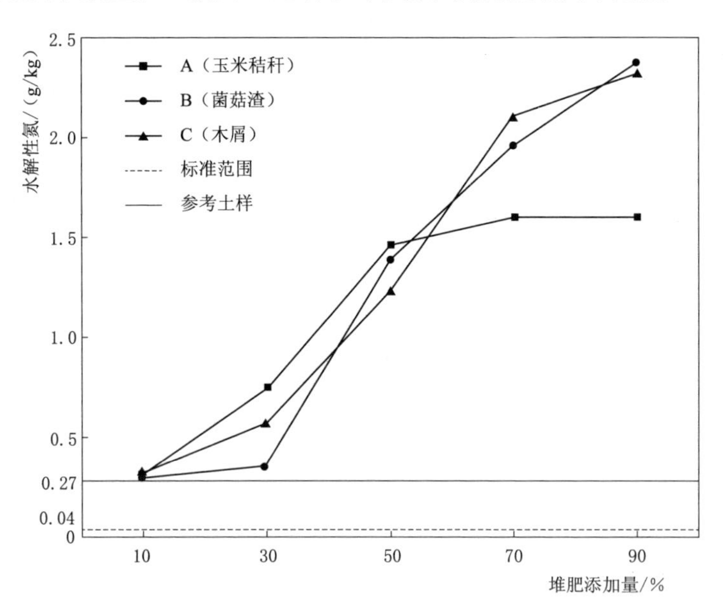

图 5.27　不同堆肥添加量下人工土壤中水解性氮含量的变化

4. 对有效磷的影响

土壤中的有效磷为植物生长能够直接吸收利用的磷，一般认为其含量与土壤中总磷含量呈正相关关系，但是由于土壤中存在大量游离碳酸钙，与磷生成不溶性盐，导致土壤的总磷含量较高，但其可供植物利用的有效磷含量却相当有限。故用有效磷含量来评价土壤磷素肥力的供应情况。如图 5.28 所示为不同添加量下人工土壤有效磷含量的变化，当人工土壤中堆肥产品添加量增加时，其有效磷含量也相应增加，而且当堆肥产品添加量相同时，B 组人工土壤中有效磷含量最高，A 组人工土壤次之，C 组有效磷含量最低，这是由于 B 组堆肥产品中有效磷含量均比其余两组高。在《绿化种植土壤》中对有效磷含量为最低要求，仅为 0.008g/kg 以上，而参考土样的有效磷含量为 0.087g/kg，本研究配制的人工土壤均满足该要求，且均高于参考土壤。同样的，有效磷作为一种速效养分，虽然对植物生长起到重要作用，但也不宜过高，故将其上限定为 0.3g/kg。

5. 对速效钾的影响

土壤中的速效钾包含水溶性钾和交换性钾，是能很快被植物吸收利用的部分。由于土壤中的钾主要为无机态，且其总价量与矿物类型有关，但由于大部分处于难溶状态，因此用速效钾评价土壤中钾元素的供应水平。如图 5.29 所

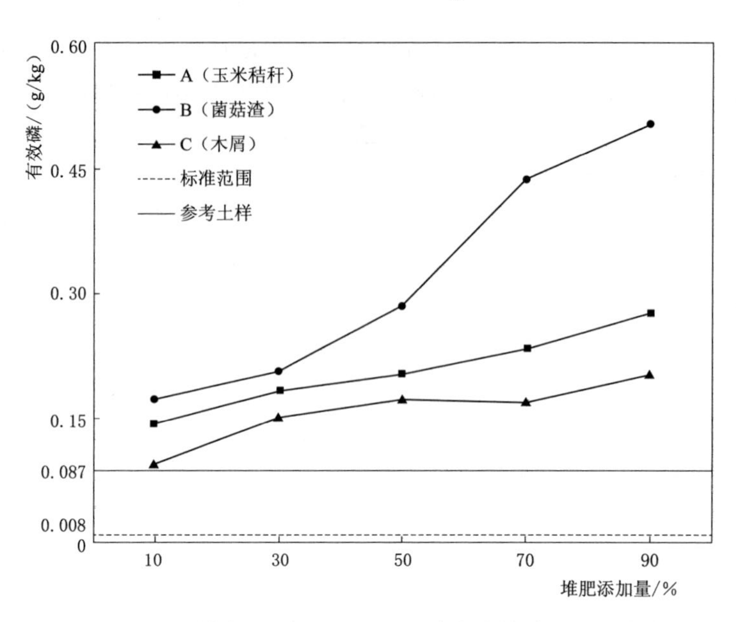

图 5.28　不同堆肥添加量下人工土壤中有效磷含量的变化

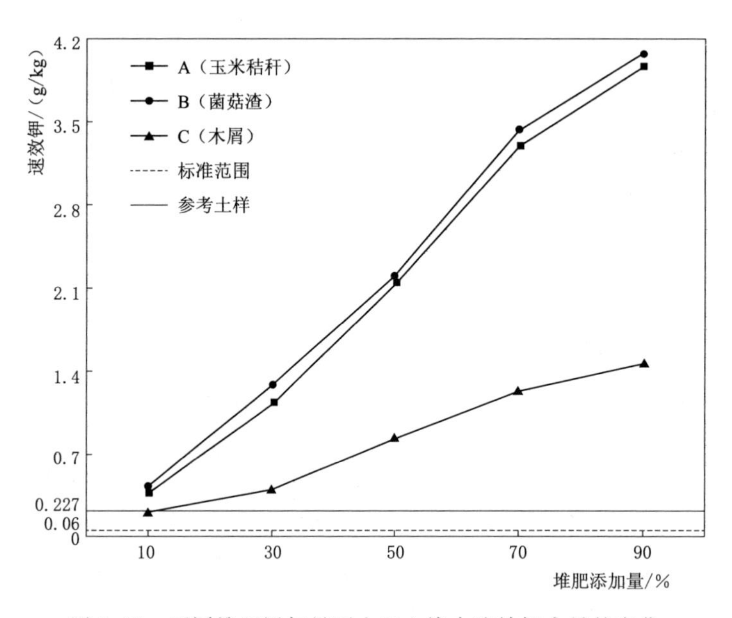

图 5.29　不同堆肥添加量下人工土壤中速效钾含量的变化

示为不同堆肥添加量下人工土壤中速效钾含量的变化，可以看出人工土壤中速效钾的含量随着堆肥产品添加量的增加而增加，尤其是 A 组和 B 组增加趋势更加强烈；而且在相同的添加量下，A 组和 B 组的人工土壤速效钾含量远远高于C 组。参考土壤中速效钾含量为 0.227g/kg，远高于《绿化种植土壤》

(CJ/T 340—2016) 中所要求的0.06g/kg，由于堆肥产品中速效钾含量丰富，故其配制而成的人工土壤中速效钾含量也较高，不仅高于标准中的最低要求，同时也均高于参考土样。同时，为了不让土壤中速效养分过高影响植物长期生长，将人工土壤中速效钾含量上限定为2.5g/kg。

5.4 技术新成土应用与评价

人工土壤作为补充天然土壤的存在，其实际种植应用效果也值得关注。因此，本书对人工土壤进行种植应用，选择天然土壤以及市购营养土作为对照组，进行为期25d的盆栽试验。通过测定种植植物生长指标（株高、根长等）的变化，并结合上章不同人工土壤的理化指标进行综合评价，进行最优人工土壤的选择。

5.4.1 人工土壤种植应用

1. 材料与种植地点

本试验土壤为2.2节中污泥堆肥添加量分别为30%、50%、70%的人工土壤。试验供试作物为小白菜，品种为速生168快菜，购于青岛胶研种苗公司。试验场地为人工气候室，设置室内温度为25℃，湿度为50%。

2. 试验设计与样品采集

试验选择直径为110mm，高度为100mm的花盆进行作物种植。在对小白菜种子进行消毒并浸泡6h后，将大小均匀且颗粒饱满的种子点种至花盆中，每盆中均播种10粒作物种子，并将花盆中的土壤用水浇透。由于花盆中体积一定，故在第10天对各花盆进行定苗处理，使每个花盆中的作物数量为5株。在种植期间定期浇水，使得土壤能够保持湿润状态并为作物提供足够的生长所需水分。在种植小白菜后的第25天对小白菜进行整株进行收割，收割的同时需保持整株作物的完整。将收割后的小白菜用清水洗净土壤等杂质后，用去离子水再次洗涤，并擦干表面的水分，用于测定作物生长指标。

5.4.2 人工土壤对小白菜种植的影响

1. 对小白菜发芽率的影响

如图5.30为不同人工土壤中小白菜发芽率的变化，可以看出随着人工土壤中堆肥产品添加量的增加，小白菜发芽率变低，当人工土壤中堆肥产品添加量发生变化时，其发芽率呈极显著性变化（$p<0.01$），当堆肥添加量为30%时，三种堆肥产品的人工土壤发芽率均为100%。考虑是由于堆肥产品占比高的人工土壤中盐分含量较高，对种子发生胁迫抑制其萌发。CK1组的发芽率仅为60%，显著低于其他组人工土壤，其中CK2、A30%、B30%、B50%、

C30%的发芽率均为100%，高于其他组人工土壤。在堆肥添加量相同的情况下，A、B、C三种不同堆肥产品配制而成的人工土壤中发芽率变化不显著（$p>0.05$），但其与另两组对照组相比，其发芽率呈极显著变化（$p<0.01$）。

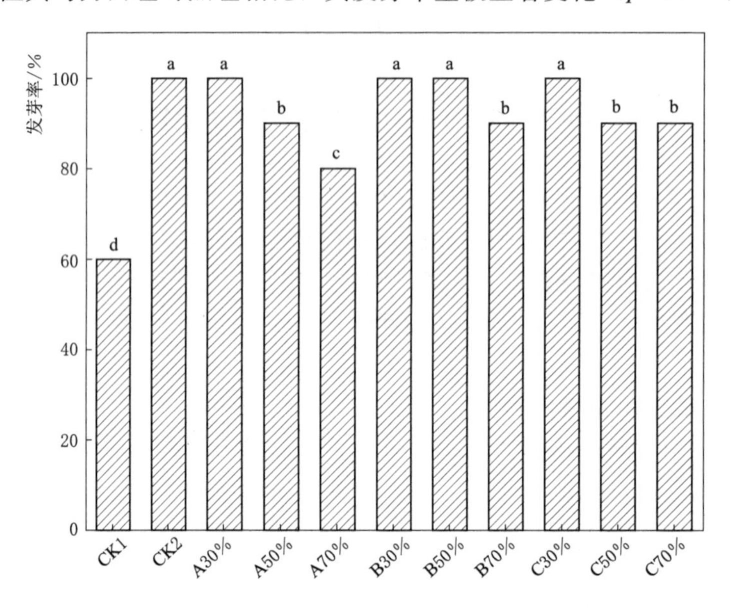

图5.30 不同人工土壤中小白菜发芽率的变化

［注 不同字母表示不同处理间差异显著（$p<0.05$）］

2. 对小白菜生长情况的影响

根据表5.6，可以看出在不同的人工土壤中，各组小白菜最终株高为：A30%＞CK2＞A70%＞A50%＞C30%＞C70%＞B70%＞C50%＞B50%＞B30%＞CK2，即所有配制的人工土壤均比CK1高，A30%的人工土壤高于参考土壤，其余处理组的人工土壤株高均低于参考土壤。在三组人工土壤和两组对照组之间，A组与B组、C组、CK1组之间株高呈极显著差异（$p<0.01$），B组、C组、CK1组之间株高差异不显著。而人工土壤中堆肥产品添加比例变化与株高变化不显著（$p>0.05$）。A组堆肥产品用来配制人工土壤时对小白菜株高影响最优，在合适的添加比例下甚至优于参考土壤。

根据表5.6，可以看出在不同的人工土壤中，各组小白菜最终根长为：A70%＞A50%＞A30%＞CK2＞B70%＞C50%＞C70%＞B30%＞B50%＞CK2＞C30%，A组堆肥产品配制的人工土壤根长均比参考土壤高，除C30%的人工土壤低于市购营养土外，其余处理组的小白菜根长均高于市购营养土。在三组人工土壤和两组对照组之间，株高呈极显著差异（$p<0.01$），A组和CK2（参考土壤）株高接近，显著高于B组、C组以及CK1（市购营养土）。

而人工土壤中堆肥产品添加比例变化与根长变化不显著（$p>0.05$）。A组堆肥产品用来配制人工土壤时对小白菜根长影响效果最好，在不同添加比例下均优于参考土壤。B组和C组的根长虽低于参考土壤，但高于市购营养土。

表5.6　　不同人工土壤中小白菜株高和根长的变化

种类	添加比例	株高/cm	根长/cm
A	30%	5.36±1.16	4.94±0.72
	50%	4.78±1.27	5.46±2.83
	70%	4.92±0.91	5.54±0.99
B	30%	2.68±0.88	2.96±1.04
	50%	3.12±0.98	2.84±0.98
	70%	3.48±0.45	4.6±1.57
C	30%	3.7±0.89	2.82±0.72
	50%	3.3±1.18	3.54±0.9
	70%	3.6±0.71	3.46±1.76
CK1	营养土	2.58±0.56	2.83±0.17
CK2	参考土壤	4.94±0.83	4.8±0.33

表5.6中，不同土壤中小白菜最后叶片数为：A30%>A70%=CK2>A50%=C70%>C50%=C30%=B30%=B70%>B50%>CK2，从表5.6中可以看出由A组堆肥产品配制而成的人工土壤其生长的小白菜叶片数与CK2（参考土壤）接近，显著高于B、C两组人工土壤以及CK1组（市购营养土）（$p<0.05$）。市售营养土中小白菜平均叶片数最少，低于参考土壤以及所有处理的人工土壤，而在A、B、C三组人工土壤中，B、C两组之间对叶片数影响不显著。在同种堆肥产品配制而成的人工土壤中，堆肥产品添加量对小白菜叶片数影响不显著（$p>0.05$）。

根据表5.7，可以看出在不同的人工土壤中，种植25d后各组小白菜最终叶面积：A50%>A70%>CK2>A30%>C30%>C70%>C50%>B70%>B50%>B30%>CK2，可以看出市购营养土中小白菜生长状况较差，叶片较小，平均叶面积仅为0.8cm^2，显著低于参考土壤及所有组别的人工土壤（$p<0.01$）。在三组不同堆肥产品的人工土壤和两组对照组之间，叶面积呈极显著差异（$p<0.01$），A组和CK2（参考土壤）平均叶面积接近，显著高于B组、C组以及CK1（市购营养土）。在同种堆肥产品配制而成的人工土壤中，人工土壤中堆肥产品添加比例对小白菜叶面积影响不显著（$p>0.05$）。从表5.7中可以看出，在三种堆肥产品配制而成的人工土壤中，A组人工土壤中的小白菜生长状况优于C组，B组生长状况最差。

根据表5.7，可以看出在不同的人工土壤中，种植25d后各组小白菜最终鲜重为：A50％＞A70％＞CK2＞A30％＞C30％＞C70％＞C50％＞B70％＞B50％＞B30％＞CK2，A组堆肥产品配制的人工土壤种植的小白菜鲜重略高于参考土壤种植的小白菜，与小白菜平均叶面积相同，市售营养土鲜重低于其余组的小白菜。A组人工堆肥小白菜鲜重与参考土壤中小白菜鲜重接近，影响不显著（$p>0.05$），而在三组人工土壤中，A组的鲜重显著高于B组与C组（$p<0.05$），C组与B组之间差异不显著。

表5.7　不同人工土壤中小白菜叶片数、叶面积和鲜重的变化

种类	添加比例	叶片数	叶面积/cm^2	鲜重/g
A	30％	4.6±0.55	4.18±0.32	0.448±0.07
	50％	4.2±0.84	5.13±2.62	0.552±0.28
	70％	4.4±0.55	4.92±0.96	0.582±0.19
B	30％	4±0	2.16±0.78	0.15±0.05
	50％	3.8±0.45	2.36±0.76	0.226±0.09
	70％	4±0	2.47±0.34	0.238±0.03
C	30％	4±0	3.36±1.07	0.288±0.1
	50％	4±0.71	2.92±1.23	0.27±0.13
	70％	4.2±0.45	2.94±0.77	0.296±0.11
CK1	营养土	3.5±0.58	0.8±0.36	0.095±0.04
CK2	参考土壤	4.4±0.55	4.35±0.6	0.468±0.13

3. 小白菜生长的综合评价

由于植物生长状况受多因素影响，而单一指标评价仅对某种因子进行评价，因此本书用隶属函数综合评价法对小白菜的生长状况进行评价。本书选取平均隶属函数，选择株高、根长以及鲜重等生长指标进行综合评价。表5.8为不同人工土壤中小白菜生长的综合评价，可以看出随着人工土壤中堆肥添加量的增加，小白菜的生长状况更好，三种不同堆肥产品中，玉米秸秆-污泥的堆肥产品种植效果最好，木屑-污泥堆肥产品次之，菌菇渣-污泥堆肥产品种植效果最差。在所有处理组中，市购营养土种植小白菜的效果最差，排名最后，玉米秸秆-污泥堆肥产品添加量为70％的人工土壤种植效果最好。

5.4.3　人工土壤的综合评价

人工土壤研究应在对天然土壤进行人工模拟的基础上。相关研究指出，有机质、有效磷、pH值、阳离子交换量等均为影响土壤质量的主要因素，因此根据多种因素对人工土壤进行综合评价要比单一指标评价更准确。本书选择pH值、电导率EC、干密度、通气孔隙度、有机质、水解性氮、有效磷、速效

表 5.8　　　　不同人工土壤中小白菜生长的综合评价

处理组	株高/cm	根长/cm	叶片数/个	叶面积/cm^2	鲜重/g	综合评价指数	排名
A30%	1.00	0.78	1.00	0.786	0.72	0.86	3
A50%	0.79	0.97	0.64	1.00	0.94	0.87	2
A70%	0.84	1.00	0.82	0.95	1	0.927	1
B30%	0.04	0.05	0.46	0.31	0.11	0.197	10
B50%	0.19	0.007	0.27	0.36	0.27	0.227	9
B70%	0.32	0.65	0.45	0.39	0.29	0.427	6
C30%	0.40	0	0.45	0.59	0.40	0.37	7
C50%	0.26	0.26	0.45	0.49	0.36	0.37	8
C70%	0.37	0.24	0.64	0.49	0.41	0.43	5
CK1	0	0.004	0	0	0	0.0007	11
CK2	0.85	0.73	0.82	0.82	0.77	0.80	4

钾共 8 个指标作为评价基质性能的主要影响因素，采用改进的内梅罗综合指数法进行综合评价，以期筛选出效果最优的人工土壤。根据方海兰等人的研究方法对选取参数进行标准化处理，后利用修正的内梅罗公式计算综合肥力系数为

$$P=\sqrt{\frac{(\overline{P}_i)^2+(P_{i\min})^2}{2}}\times\frac{n-1}{n}$$

式中　P——土壤综合肥力系数；

$\overline{P}_i$——土壤各属性分肥力系数的平均值；

$P_{i\min}$——各分肥力系数中的最小值；

n——参评指标数量。

表 5.9 为不同人工土壤标准化后指标及综合评价系数。从表中可以看出由菌菇渣-污泥堆肥产品添加量为 30%和 50%配制而成的人工土壤，以及由木屑-污泥堆肥产品添加量为 90%配制而成的人工土壤综合肥力系数最高。参考土壤在所有处理中排名第四，除综合系数排名第一的人工土壤外，由玉米秸秆-污泥堆肥产品添加量为 50%的人工土壤、由木屑-污泥堆肥产品添加量为 70%的人工土壤综合肥力系数也要高于参考土壤。根据土壤综合肥力系数，玉米秸秆-污泥堆肥产品添加量为 70%、90%的人工土壤属于肥力中等土壤，而其余人工土壤以及参考土壤均属于肥沃土壤。综合考虑植物生长以及土壤肥力，玉米秸秆-污泥堆肥产品添加量 30%、50%的人工土壤为本研究中最优质的人工土壤。

表5.9 不同人工土壤标准化后指标及综合评价系数

样品	pH值	EC	有机质	水解性氮	有效磷	速效钾	密度	通气孔隙度	肥力平均值	土壤综合肥力	排名
A10%	2.1	1.7	3	3	3	3	3	3	2.72	1.99	9
A30%	2.54	3	3	3	3	3	3	3	2.94	2.41	5
A50%	2.98	3	3	3	3	3	3	3	3	2.62	2
A70%	3	0.9	3	3	3	3	3	3	2.74	1.78	11
A90%	3	0.16	3	3	3	3	3	3	2.64	1.64	13
B10%	2.3	1.72	3	3	3	3	3	3	2.75	2.01	8
B30%	3	3	3	3	3	3	3	3	3	2.63	1
B50%	3	3	3	3	3	3	3	3	3	2.63	1
B70%	3	0.86	3	3	3	3	3	3	2.73	1.77	12
B90%	3	0	3	3	3	3	3	3	2.63	1.62	14
C10%	1.84	1.37	3	3	3	3	3	3	2.65	1.85	10
C30%	1.88	2.1	3	3	3	3	3	3	2.75	2.06	7
C50%	2.46	3	3	3	3	3	3	3	2.93	2.37	6
C70%	2.82	3	3	3	3	3	3	3	2.98	2.54	3
C90%	3	3	3	3	3	3	3	3	3	2.63	1
CK2	2.8	3	3	3	3	3	2.47	3	2.91	2.5	4

第6章　废弃泥浆和渣土现场处理工艺与效益分析

由于废弃泥浆和渣土随着施工过程不断产生，因此在处理时也需要根据其产量合理安排处理工艺。目前，在实践中常用的方式有两种：一种是施工产生的废弃泥浆和渣土就施工现场直接进行筛分、清洗、絮凝、压滤等处理过程，最后将脱水后的泥饼外运；另一种是将在现场将产生的废弃泥浆和渣土直接用槽罐车或者渣土运输车，运送到集中处理站，而集中处理站内有大型的泥浆处理设备对其进行处理。因此，在布设泥浆和渣土处理站点的时候一是要考虑废弃泥浆渣土的额产量，还要考虑泥浆和渣土运输距离以及建立大型集中式泥浆和渣土处理站的地点。综合考虑设备、运行维护、运输、场地及管理要求等各种因素，最终确定合理的处理处置方式。本章比较了在地铁施工过程中，两种不同的泥浆处理站设置方式，分析处理成本为后续泥浆和渣土处理站的设置提供参考。

6.1　废弃泥浆和渣土处理方式比较分析

在施工现场泥浆处理方法多采取直接排放、槽罐车运出场外自重沉淀、自然干化，掺入水泥固化、石灰泥浆浓缩等措施。这些废弃泥浆处理方法存在以下问题：

（1）城市专门的泥浆处理场地较少，泥浆处理排放困难。

（2）废弃泥浆外运多采取槽罐车，长距离运输受市政环卫等限制，运输时间及运量受限，运费较高，处理效率低；施工高峰时，外运作业难以匹配施工进度，只能在现场的沉淀池中存放，占用了大量的土地，且泥浆池满后不能继续吸纳新排出的泥浆，造成工地停工，严重影响施工进度和提高了施工成本。

（3）容易造成较大的环境污染，施工现场环境恶劣，废弃泥浆容易渗漏，可能导致市政管道堵塞。

（4）在专用排放地点的废弃泥浆也难以进行系统的处理，泥浆干燥后无法复耕使用，不经过处理也不能够作其他利用。

(5) 在泥浆运输过程中，也常因运输车辆的管理和协调问题，使得泥浆漏洒在道路上而影响市容，造成交通运输安全隐患。

6.1.1 分散式废弃泥浆和渣土处理工艺

以深圳市某施工现场为例，在充分考虑该地区废弃泥浆和渣土含砂量大，含水量丰富的特点的同时借鉴湿法人工砂石料生产线工艺，集合采用泥沙振筛分离—洗砂脱水—破乳、絮凝、沉淀净化—泥水分离—泥饼外运的处理工艺路线（图 6.1）。

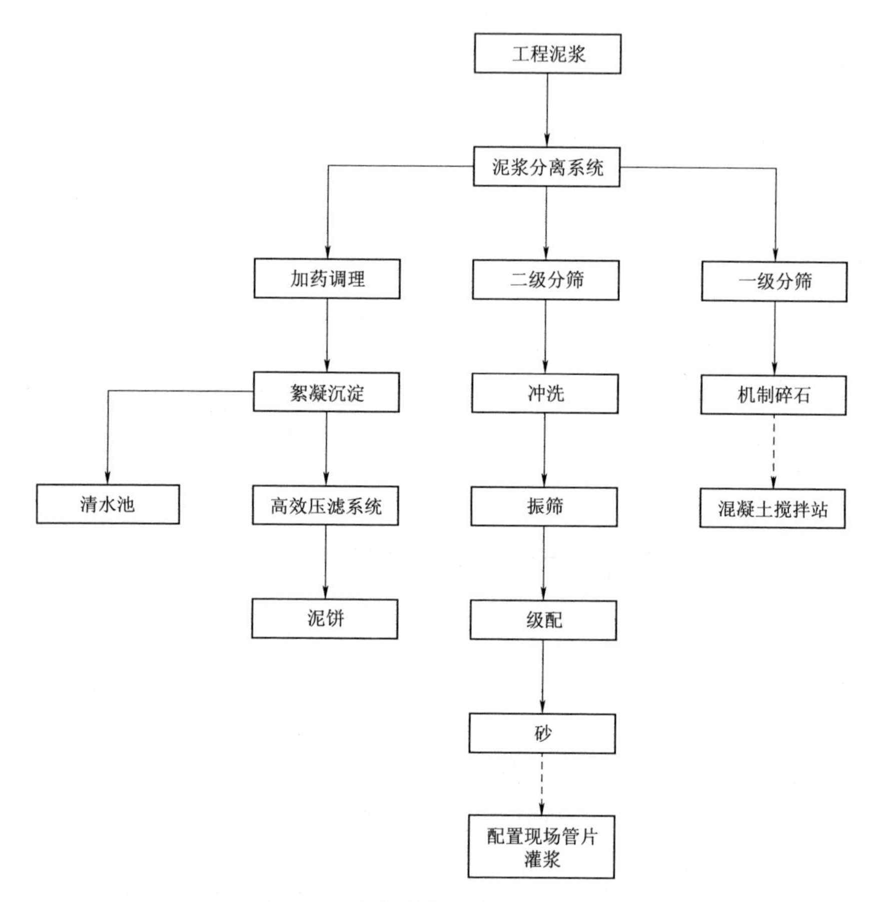

图 6.1 废弃泥浆和渣土处理工艺

1. 设备构成及布置

方案按照最高每天需处理 15 环盾构渣土 697m^3（测量方）进行设计，该系统设备布局占地面积为 150～300m^2，具体需根据施工现场进行规划和设计，实现地铁施工现场盾构项目的三种合理布置方式，主要设备构成和选型见表 6.1。

表 6.1 主要设备构成及选型

序号	设备名称	规格型号	配置数量
1	螺旋上料机	2LXS1120	1台
2	直线振动筛	TS24-40	1台
3	多功能洗砂一体机	LZ36-100-1842J	1台
4	板框压滤机	处理干料能力，7t/h	2台
5	皮带输送机	B800	数量根据现场配置
6	渣浆泵	2PN，卧式泥浆泵	4台

2. 工艺介绍

盾构泥浆含水率为90%～98%，还包含一部分砂石和盾构机使用后残留在泥浆中的表面活性剂。该技术路线包括分筛系统、泥水分离系统。

(1) 分筛系统工艺。通过筛分系统中的多功能洗砂一体机将盾构泥浆中含有的砾石洗出，然后被多级振动筛按粒径进行分离，得到粒径大于4.75mm的粗砂和粒径为0.075～4.75mm的细砂。前者通过皮带运输机传送至粗砂堆场存放，后者经过清洗后从洗砂机尾部排出。两种不同粒径范围内的砂石可用于建筑行业。实现固体废物资源化利用的效果。

(2) 泥水分离系统工艺。筛分系统处理后的盾构泥浆液通过泥浆泵送入现场的沉淀池，沉淀池与药剂配置罐连通，再通过添加破胶剂、絮凝剂(PAM)、消泡剂在去除水中发泡成分后，在沉淀罐中停留时间约2h，上清液由清水泵从上端抽出排入清水池，供盾构机回用。沉淀泥浆通过泥浆泵的作用抽入带式压滤机中进行压滤，达到泥水分离的效果。

根据前述设备构成和选型配置，本方案每天最高可满足处理15环盾构渣土，约可处理盾构渣土697m^3，相当于含水65%湿方为1066m^3，单位处理能力34.83m^3/h（测量方，湿方为53.3m^3/h），每天工作20h。

6.1.2 集中处理站点

1. 地质情况

该工区盾构泥渣每月总产量为15000m^3，其中砂、石含量各占20.1%、29.8%，砂石占比含量较高，可增加盾构泥渣砂石筛分处理工艺，从泥渣中获得砂、石建筑材料，获得收益，进而降低盾构泥渣处理成本。而盾构泥渣中泥浆含量占比为28.7%，泥浆含量较高，含水率为21.4%，含水率较高，需要设置泥浆处理工艺，促进盾构泥渣的减量化、无害化，减少泥浆运输成本，满足泥浆处理的环境标准。

2. 主要工艺和设备

(1) 工艺流程（图6.2）。盾构泥浆→勾砂斗将盾构泥浆转运至振动筛中→

振动筛将泥浆中石料、砂、泥筛分成粗、细骨料→螺旋洗砂机对砂进行清洗→振动筛回收产出成品细砂→余料进入中转池沉淀泥浆，排出清水→将配置好的化学药剂通过水泵输送至污水沉淀罐→污泥絮凝分离→清水排放至储水池中重复利用→其余通过管道输送至压滤机上→压滤机深度脱水，反复挤压形成泥饼→泥饼外运。

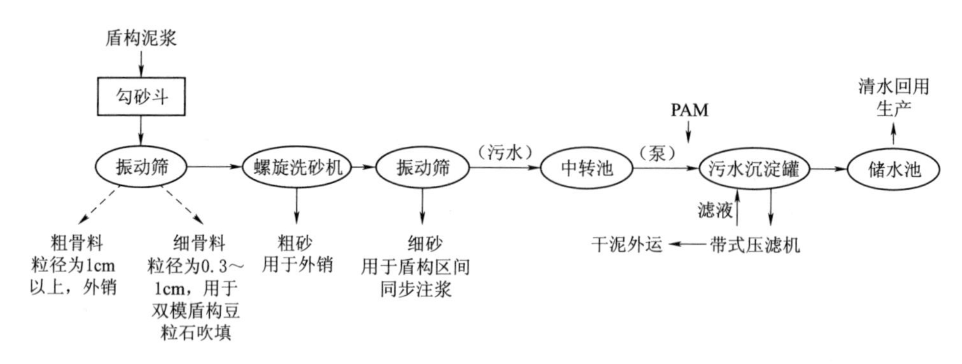

图 6.2 工艺流程

（2）主要设备。带式压滤机、细砂回收机、振动筛。

1）带式压滤机。作用：过滤泥浆。选用原则带式压滤机的选型一般是根据不同种类的污泥，先通过小型试验来选择混凝剂的种类和投加量、滤带的移动速度、滤饼的含水率及滤布的单位宽度处理量等，用以确定带式压滤机的过滤产率。再根据污泥量的大小，确定带式压滤机的规格和型号。

2）细砂回收机。作用：细砂生产系统。选用原则：选购细砂回收机的时候，根据工地的产量，合理选择细砂回收机型号。细砂回收机电机功率与相应的处理量成正比。同时根据生产线所在场所的地理环境大小、作用物料以及生产线上别的设备相关情况等相结合选用。

3）振动筛。作用：混沙分离。选用原则：①要保证旋转或脉动运动振幅要小，但必须清楚振动筛的振动频率在通常情况下是要超过三千次每分钟的；②所选择的振动筛要节省空间、重量并且驱动的功率要小，因为筛选表面可以驱动并且发生振动。

6.2 废弃泥浆和渣土处理效益分析

6.2.1 分散式废弃泥浆和渣土处理站点效益分析

1. 盾构泥渣分散处理优点

（1）可及时处理盾构泥渣。使用盾构泥渣分散处理方式可以在施工区内有效及时处理施工作业产生的盾构泥渣，避免因盾构泥渣无法及时从施工区内运输，在施工高峰时，外运作业难以匹配施工进度，造成盾构泥渣在施工区内沉淀池堆积，占用施工场地，且沉淀池堆满后不能继续吸纳新排出的盾构泥渣，进而导致工地停工，影响施工进度，提高施工成本。

(2) 砂石创收。通过在施工区内对盾构泥渣进行减量化处理，可以从盾构泥渣中筛分出部分石、砂等建筑材料，提供给施工区使用，或者将砂石销售给其他单位，以节约成本。

(3) 减少运输费用。由于盾构泥渣含水率较高，如果不进行脱水减量化处理，盾构泥渣体积会非常大，且含水率较高的盾构泥渣不利于在市内运输，因此通过进行减量化处理，可以将盾构泥渣中的泥浆压滤脱水为泥饼，降低盾构泥渣体积，然后将压滤泥饼外运处理，可以极大地降低盾构泥渣体积，以减少盾构泥渣外运费用，且由于盾构泥渣进行压滤脱水处理，运输时不易发生洒漏等现象，有利于盾构泥渣外运处理。

(4) 环保。盾构泥渣在现场大量堆积，容易造成较大的环境污染问题，对施工现场产生恶劣影响，由于地铁施工作业大多在市区内，大量的盾构泥渣堆积，会影响市区环境形象。因此通过在现场处理盾构泥渣，可以避免盾构泥渣在施工现场大量堆积问题，有利于创造一个环保的施工作业环境，同时也有利于维护施工单位在当地的企业形象。

2. 盾构泥渣分散处理缺点

(1) 固定成本高。盾构泥渣分散处理，需要各施工区段，各自购买盾构泥渣处理设备，提供盾构泥渣处理场地，因此增加了设备购买费用、土建安装费用，造成固定成本投入高。

(2) 无法产生规模效益。盾构泥渣分散处理，各施工区段只能处理本施工作业区内产生的盾构泥渣，各施工作业区产生的盾构泥渣量少，无法产生规模效益，降低处理成本。

(3) 不利于统筹管理。盾构泥渣分散处理造成了各施工区段各自为战，导致处理工艺的选择、设备选型、购买、维修、药剂采购和盾构泥渣处理进度等，无法统筹管理、统一调度。

6.2.2 集中处理站点效益分析

1. 盾构泥渣集中处理优点

(1) 便于统筹管理。盾构泥渣集中处理，由集中处理站处理各施工区段产生的盾构泥渣，根据盾构泥渣性质，选用相应的生产工艺和处理设备，统一采购设备、药剂和耗材，在采购价格、后期维修服务，会占有很大优势。

(2) 规模效益。将各施工区段的盾构泥渣送至处理站集中处理，集中处理站处理量较大，可以形成规模效益，降低人工费、水电费、药剂耗材费和机械费等可变成本，相应地降低盾构泥渣处理成本。

（3）砂石创收。通过在集中处理站内对盾构泥渣进行减量化处理，可以选用性能更加优越的设备从盾构泥渣中筛分出部分石、砂等建筑材料，可以提供给施工区段使用，节约成本，或者将砂石销售给其他单位，以节约成本。

（4）环保。将各施工区段的盾构泥渣送至处理站集中处理，可以避免盾构泥渣在施工作业区内堆积，改善施工作业区的环境；在处理站集中处理盾构泥渣，避免了在施工作业区内处理时产生的噪声等问题，有利于提高施工单位的企业形象。

2. 盾构泥渣集中处理缺点

（1）不利于施工区段及时处理盾构泥渣。将各施工区段内产生的盾构泥渣集中处理，对外运作业和施工进度匹配要求较高，对运输车辆的管理和协调有着较高要求。盾构泥渣不及时外运到集中处理站，会造成盾构泥渣在施工区内的沉淀池堆积，占用施工场地，且沉淀池堆满后不能继续吸纳新排出的盾构泥渣，造成工地停工，影响施工进度，提高了施工成本。

（2）运输难度大。盾构泥渣含水率较高，在运输过程中容易洒漏，盾构泥渣外运多采取槽罐车，长距离运输受市政环卫等限制，对运输有着环保要求。

（3）运输成本高。盾构泥渣产量大，将各施工区段产生的盾构泥渣进行集中处理，运输量大、运输成本高，且由于各施工区段与集中处理站距离不一，距离过远，会造成运输成本过高。

（4）对场地要求较高。盾构泥渣集中处理，需要各施工区段将盾构泥渣运输至集中处理站，盾构泥渣产量大，因此需要配置相应规模较大的盾构泥渣堆放场所、泥饼堆放场所，并配置相应的环保设施，避免对集中处理站周围产生噪声、污水等环保问题，且需要集中处理站配置相应规模的盾构泥渣处理设备，以消纳盾构泥渣，适应盾构泥渣生产进度，对集中处理站的处理工艺和处理设备有着较高要求。

6.2.3 废弃泥浆和渣土处理模式选择

1. 分散处理建议

（1）盾构泥渣分散处理泥渣产量阈值。盾构泥渣产量决定了盾构泥渣处理总成本，施工区应根据盾构泥渣产量，决定是否采用分散处理方式处理盾构泥渣，当达到盾构泥渣产量阈值时，选用分散处理方式处理盾构泥渣，反之，当盾构泥渣产量远远低于盾构泥渣产量阈值时，可以考虑选用集中送至处理站方式处理。

当选用盾构泥渣分散处理方式，需要在施工区内设置相应的泥渣处理设备，并配置相应的场地，因此会产生设备购买费用和土建安装费用。而盾构泥渣送至集中处理站只需要支付运输费用和处理费用，因此盾构泥渣分散处理产量阈值可根据该公式进行计算，即

$$\text{盾构泥渣分散处理产量阈值}(m^3)=\frac{\text{盾构泥渣分散处理固定成本(元)}}{\text{盾构泥渣集中处理成本}(m^3/\text{元})}$$

当该工区盾构泥渣总产量小于盾构泥渣分散处理产量阈值时，可考虑选用集中送至泥渣集中处理站处理，反之，当该工区盾构泥渣总产量大于盾构泥渣分散处理产量阈值时，应考虑选择分散处理方式，在施工区内设置泥渣处理系统。

(2) 根据盾构地质状况选择泥渣处理工艺。盾构地质情况决定了盾构泥渣性质，从而决定了盾构泥渣的处理工艺。当选择盾构泥渣处理工艺时，应根据盾构地质情况和盾构泥渣性质，选择相应的盾构泥渣处理工艺，当盾构泥渣中石砂含量高时，应配置相应的石砂筛分系统、洗砂系统，若石块粒径过大，还可考虑配置石块粉碎系统；反之，当盾构泥渣中泥浆含量过高时，石砂含量过低，可考虑只配置相应的泥浆处理系统，将泥浆絮凝压滤脱水为泥饼，外运至弃渣场或码头即可。

(3) 盾构泥渣处理设备选择。盾构泥渣处理设备对于泥渣处理是至关重要的。盾构泥渣处理设备选择应能满足盾构泥渣的生产量，盾构泥渣处理系统处理量过高，会造成产能浪费；反之，过低会无法满足正常的施工作业要求，造成泥渣在场内堆积，因此需要根据盾构泥渣生产作业能力，选择配套的盾构泥渣处理系统，以满足正常的生产作业要求。同时盾构泥渣处理系统还需满足占地面积小、效率高和可靠等特点，地铁施工区作业面积小，若处理工艺占地面积过大，会造成施工区作业面积紧张，选用效率高的处理系统，可以高效处理盾构泥渣，满足生产作业要求，同时还需要满足可靠性能高，盾构泥渣处理系统的可靠性关系到泥渣处理进度和后期维修，选择可靠性能高的处理系统，对于泥渣处理来说也是非常重要的。

2. 集中处理建议

(1) 集中处理站应与施工区距离较近。将施工区产生的盾构泥渣送至集中处理站进行处理，由于盾构泥渣产量大，因此建议将集中处理站设置在距离几个工区较近的地方，方便各个工区将盾构泥渣送至集中处理站处理，也可以降低运输成本。

(2) 集中处理站占地面积适当。集中处理站需要收纳附近施工区产生的盾构泥渣，盾构泥渣收纳量大，因此需要有足够大的泥渣消纳场地，以满足集中处理站的处理能力。

(3) 集中处理站处理工艺应能适应各工区产生的盾构泥渣性质。盾构泥渣集中处理站需要处理各工区产生的盾构泥渣，各工区的盾构泥渣性质不一，因此在选用处理工艺时，应充分考虑工艺对泥渣的适应性，以便能处理各种类型的泥渣。

（4）集中处理站应选用更加优越的石砂筛分工艺。石砂是处理盾构泥渣时的一部分重要收入来源，因此集中处理站应选用性能优越的石砂筛分工艺，当遇到粒径较大的石块，可以通过碎石机将石块破碎为粒径较小的石块，以方便通过售卖石料获得部分收益，当遇到含泥量较大的砂料，可以通过洗砂机清洗砂料，提高砂料的成色，以便通过售卖砂料获得部分收益。

（5）集中处理站应满足当地环保要求。集中处理站需要收纳处理附近工区的盾构泥渣，会产生大量废水、废渣和生产噪声，因此集中处理站应配置相应的废水收集处理系统，并采取一定措施降低生产噪声，满足当地的环保要求。

6.3 展　望

随着我国城市化进程的持续，各项基础设施建设热潮依然持续，在此背景下对于施工废弃物处理和处置问题依然严峻，尤其在高质量发展的背景之下，各个部门和企业应该持续加强在废弃物处理和资源化利用方面的技术水平，不断满足高质量发展的要求。在废弃泥渣的处理和资源化利用方面也应该不断加强技术投入和推广，扩展新的模式，开发新的技术，不断适应未来更加严格的环境保护要求。为此，应该在以下方面持续关注：

（1）不断拓展泥渣和泥浆资源化再生利用途径。泥渣和泥浆的资源化利用，不仅要考虑其本身的理化性质，而且要符合市场需求。要将泥浆和泥渣的资源化和市场结合起来，做到资源化产品有市场，这样就可以快速消纳废弃泥浆和渣土。

（2）开发新型的泥浆和渣土高效处理设备。泥浆和泥渣的处理离不开机械设备，而传统的筛分/脱水设备在渣土处理方面具有各种不足，这就需要设备厂家和施工现场紧密结合，开发设计适合不同地层、不同地区和不同性质泥渣和泥浆的处理设备，进而提高处理效率。

（3）泥渣的处理需要过程中，转运和收集费是占整个处理成本较大的环节。因此，采取措施最大限度对泥渣泥浆进行源头减量，则是降低处理成本的最有效措施之一。

参考文献

[1] 楼明浩，汪炎法，孔奥．桩基施工泥浆固化处理新技术在某工程中的应用［J］．施工技术，2015，44（12）：97－100.

[2] 董娅玮．废弃钻井泥浆固化处理技术研究［D］．西安：长安大学，2009.

[3] 王力．灌注桩钻孔泥浆的高效脱水技术研究［D］．杭州：浙江工业大学，2012.

[4] 张淑侠．钻井废弃泥浆固化处理工艺的研究与应用［J］．安全与环境工程，2007，14（2）：63－67.

[5] 胥尚湘．国外钻井废泥浆处理技术发展动向［J］．石油与天然气化工，2009，21（2）：122－125.

[6] 答治华，李刚，刘建华，等．铁路桥梁钻孔灌柱桩施工泥浆处理设备的研制［J］．铁道工程，2009，10：30－32.

[7] 韩多学．泥水盾构结构中泥浆处理及循环系统的设计及应用［J］．城市建设理论研究，2011（33）.

[8] 吴龙华，汪宇，谢鑫，等．高速铁路施工废泥浆处理试验研究［J］．新技术新工艺，2011（5）：96－98.

[9] 何文锋，邓美龙，白晨光，等．地铁车站施工废弃泥浆处理方法［J］．施工技术，2012，379（41）：83－86.

[10] KAZUYASU W. Development of the waste mud treatment system for drilling vessel "CHIKYU"［J］. IEEE xplore. 2006，22（1）：35－39.

[11] EL－SAYED A，ABU EL－NAGA K. Treatment of drill cuttings［C］//The SPE/EPA/DOE Exploration and Production Environmental Conference，San Antonio，Texas，2001：26－28.

[12] 席社．铁路桥梁施工废弃泥浆处理的实用技术研究［J］．环境工程，2012，2（9）：132－134.

[13] 郑玉辉．浅谈地下连续墙施工中弃浆的净化和处理［J］．西部探矿工程，2008，19（9）：63－64.

[14] 臧小龙．新型泥水分离处理系统在盾构隧道施工中的应用［J］．建筑机械，2012，31（23）：122－124.

[15] 马俊伟，刘杰伟，曹芮，等．Fenton 试剂与 CPAM 联合调理对污泥脱水效果的影响研究［J］．环境科学，2013，34（9）：3538－3543.

[16] 张辉，林海，刘伟岩．助滤剂强化剩余污泥脱水技术的研究［J］．环境技术与工程，2006，6（8）：1022－1024.

[17] 万玉纲，余学海．桩基工程泥浆水处理技术［J］．环境工程，1999，17（1）：14－15.

[18] LIU Y J，SHEN J，ZHANG J L. An experiment study on the separatiion of solid and

liquid in waste mud [J]. Journal of Guangdong Unviersity of Technology, 2000, 7 (17).

[19] YANG C Y, BAI C G, MA Q S. Experiment study of using flocculation solid - liquid seperation technique deal with waste mud [J]. Laboratory science, 2013, 2 (6).

[20] 叶雅文. 国外钻井废泥浆处理水平调查 [J]. 油气田环境保护, 2008, 10: 32 - 35.

[21] 王嘉麟, 闫光绪, 等. 废弃油基泥浆处理方法研究 [J]. 环境工程, 2008 (4): 10 - 13.

[22] 张少峰. 聚硅酸硫酸铁对亚麻废水处理的研究 [J]. 阴山月刊, 2008 (22): 32 - 35.

[23] 胡承雄, 马华滨. 京沪高速铁路废弃泥浆处理现场试验 [J]. 铁道劳动安全卫生与环保, 2009, 3: 112 - 115.

[24] 张树凯, 陈清锁, 廖潇, 等. 压滤机技术在越江隧道盾构施工中的应用 [J]. 工程建设与设计, 2011, 7: 56 - 58.

[25] 黄志新, 钱才富, 范德顺. 卧式螺旋卸料沉降离心机节能研究进展 [J]. 石油化工设备, 2008, 32 (1): 45 - 48.

[26] 薄利. 泥水处理技术在泥水盾构隧道施工中的应用 [J]. 隧道建设, 2007 (6): 66 - 70, 104.

[27] 张忠苗. 桩基工程 [M]. 北京: 中国建筑工业出版社, 2007.

[28] 梁志豪, 唐健娟. 废弃泥浆处理与再利用技术研究 [J]. 科学技术创新, 2020 (27): 124 - 125.

[29] 朱伟. 废弃泥浆和渣土的化学固化与性能表征 [D]. 马鞍山: 安徽工业大学, 2018.

[30] 彭园, 杨旭, 孙长健. 废弃泥浆无害化处理方法研究 [J]. 环境科学与管理, 2007 (4): 102 - 104.

[31] 黄安宜, 蔡宜洲, 史庆涛, 等. HAc - PAC 改性泥水盾构废弃泥浆絮凝脱水性能研究 [J]. 三峡大学学报 (自然科学版), 2021, 43 (2): 47 - 52.

[32] LI Y, EMERIAULT F, KASTNER R, et al. Stability analysis of large slurry shield - driven tunnel in soft clay [J]. Tunnelling & underground space technology incorporating trenchless technology research, 2009, 24 (4): 472 - 481.

[33] 房凯, 张忠苗, 刘兴旺, 等. 废弃泥浆污染及其防治措施研究 [J]. 岩土工程学报, 2011, 33 (S2): 238 - 241.

[34] ZHANG F J, KONG C, SUN X Y, et al. Study on preparation and properties of novel ternary flocculant for rapid separation of underground continuous wall waste mud [J]. Pigment & resin technology, 2020, 49 (6): 421 - 429.

[35] 黄俊好, 张春雷. 城市建筑泥浆的管理现状、污染问题及对策建议 [J]. 四川环境, 2019, 38 (1): 165 - 169.

[36] 郭卫社, 王百泉, 李沿宗, 等. 盾构渣土无害化处理、资源化利用现状与展望 [J]. 隧道建设 (中英文), 2020, 40 (8): 1101 - 1112.

[37] 余承晔, 余洪强, 邱紫迪, 等. 盾构泥浆现场处理技术效果分析 [J]. 广东化工, 2020, 47 (16): 71 - 74.

[38] SHEN J Q, JIN X L, LI Y, et al. Numerical simulation of cutterhead and soil inter-

action in slurry shield tunneling [J]. Engineering computations, 2009, 26 (7/8): 985 - 1005.

[39] 张云，林彬，丁静. 岩土工程泥浆固化处理技术研究 [J]. 山西建筑，2010，36 (24)：107 - 108.

[40] 王东星，伍林峰，唐弈锴，等. 废弃泥浆泥水分离过程与效果评价 [J]. 浙江大学学报（工学版），2020，54 (6)：1049 - 1057.

[41] 吴玲. 改善城市污水厂污泥脱水性能的试验研究 [D]. 长沙：湖南大学，2012.

[42] 周晓朋，李怡，李艳坤，等. 基于Zeta电位分析的滨海淤泥质吹填土泥浆絮凝试验研究 [J]. 水道港口，2015，36 (1)：65 - 71.

[43] 王栋. 药剂真空预压法处理工程废弃泥浆 [J]. 黑龙江交通科技，2017，40 (2)：5 - 7.

[44] 陈亮. 建筑桩基工程泥浆处理技术 [D]. 重庆：重庆交通大学，2016.

[45] 宋强，张鹏，鲍玖文，等. 泡沫混凝土的研究进展与应用 [J]. 硅酸盐学报，2021，49 (2)：398 - 410.

[46] 周明杰，王娜娜，赵晓艳，等. 泡沫混凝土的研究和应用最新进展 [J]. 混凝土，2009 (4)：104 - 107.

[47] 欧阳鹏. 双氧水发泡泡沫混凝土性能的研究 [D]. 沈阳：沈阳建筑大学，2014.

[48] 肖文淇. 物理发泡体系对泡沫混凝土的性能影响与分析 [D]. 长春：吉林建筑大学，2020.

[49] 夏英志. 泡沫混凝土的发展及应用现状综述 [J]. 科技创新与应用，2020 (18)：178 - 180.

[50] 职红涛. 轻质泡沫混凝土发泡剂的改性研究及应用 [D]. 郑州：郑州大学，2019.

[51] 赵德霞. 碱激发粉煤灰/矿渣泡沫混凝土的制备与性能研究 [D]. 广州：广州大学，2018.

[52] 王翠花. 泡沫混凝土制备相关技术研究 [D]. 南京：南京工业大学，2006.

[53] JONES M R, MCCARTHY A, et al. Preliminary views on the potential of foamed concrete as a structural material [J]. Magazine of concrete research, 2005 (1): 21 - 31.

[54] 王朝强，谭克锋，徐秀霞. 我国泡沫混凝土的研究现状 [J]. 混凝土，2013 (12)：57 - 62.

[55] JIANG J, HOU L, LU Z Y, et al. Pore structure optimization and hardened performance enhancement of nanopore - rich lightweight cement paste by nanosilica in swelled bentonite [J]. Applied nanoscience, 2019, 10 (3).

[56] 侯莉. 泡沫混凝土界面过渡区调控机制研究 [D]. 绵阳：西南科技大学，2020.

[57] 解悦. 膨润土基矿物造孔剂对泡沫混凝土结构与性能的影响研究 [D]. 绵阳：西南科技大学，2019.

[58] 高惬. 碱矿渣泡沫混凝土的制备及性能研究 [D]. 西安：西安建筑科技大学，2020.

[59] 闫振甲，何艳君. 泡沫混凝土实用生产技术 [M]. 北京：化学工业出版社，2006.

[60] 瞿友友. 建筑废弃物再生微粉泡沫混凝土的性能研究 [D]. 深圳：深圳大学，2019.

[61] 杨小云，赵玲，陈兵，等. 河道疏浚底泥制备泡沫混凝土试验研究 [J]. 混凝土与水泥制品，2020 (1)：86-91.

[62] 张景文. 再生微粉泡沫混凝土的制备与性能研究 [D]. 西宁：青海大学，2020.

[63] 何楠，郝万军，陈伟鹏，等. 几种掺料对硫氧镁泡沫水泥性能的影响 [J]. 混凝土，2018 (7)：145-148，152.

[64] GERALD P，杨联璧. Zeta 电位测定：检验分散体的实用技术 [J]. 染料工业，1985 (2)：28-36.

[65] 师雯洁，程文，任立志，等. 地铁施工废弃泥浆处理试验研究 [J]. 水资源与水工程学报，2017，28 (1)：141-145.

[66] 徐佩佩. 建筑泥浆高效综合脱水技术研究 [D]. 南京：东南大学，2015.

[67] 麦永发，朱宏，林建云，等. 阳离子聚丙烯酰胺的重要研究技术进展 [J]. 高分子通报，2012 (8)：105-110.

[68] 梁止水. 废弃泥浆快速脱水技术试验研究 [D]. 南京：东南大学，2013.

[69] 张吕林，龚习炜，张苏皖，等. 粘粉土地层废弃泥浆絮凝脱水试验研究 [J]. 河北工程大学学报（自然科学版），2020，37 (4)：20-25，33.

[70] 刘秋美，李彩玉，杨江红，等. 水灰比对磷渣粉煤灰泡沫混凝土性能影响的研究 [J]. 混凝土与水泥制品，2017 (2)：68-70.

[71] 何立粮，杨立荣，张宝强. 水灰比和外加剂对泡沫混凝土性能的影响 [J]. 混凝土与水泥制品，2015 (10)：71-73.

[72] 刘蓓. 普通硅酸盐水泥基轻质保温材料试验研究 [D]. 西安：西安理工大学，2020.

[73] 凌伟，刘超，杨坦. 水灰比对钻孔护孔泡沫混凝土性能影响研究 [J]. 温州大学学报（自然科学版），2020，41 (4)：49-54.

[74] 吴丽曼，孙勇，张晓莉，等. 粉煤灰对超轻发泡混凝土孔结构及吸声性能的影响 [J]. 硅酸盐通报，2014，33 (9)：2387-2392.

[75] 嵇鹰，张军，武艳文，等. 粉煤灰对泡沫混凝土气孔结构及抗压强度的影响 [J]. 硅酸盐通报，2018，37 (11)：3657-3662.

[76] 杨博明，刘慧萍，傅渝峰，等. 矿物掺合料对外墙保温材料泡沫混凝土的改性研究 [J]. 西安工业大学学报，2021，41 (1)：34-39.

[77] 李秀. 硅灰对泡沫混凝土抗压强度的影响 [J]. 住宅与房地产，2019 (30)：77.

[78] 杨清. 超轻泡沫混凝土的性能及结构调控 [D]. 济南：济南大学，2020.

[79] 黄政宇，孙庆丰，周志敏. 硅酸盐-硫铝酸盐水泥超轻泡沫混凝土孔结构及性能研究 [J]. 硅酸盐通报，2013，32 (9)：1894-1899.

[80] 张巨松，王才智，黄灵玺，等. 泡沫混凝土 [M]. 哈尔滨：哈尔滨工业大学出版社，2016.

[81] 章泓立，吴思民，金利学，等. 河道底泥制备陶粒轻骨料的工艺条件及性能 [J]. 环境污染与防治，2021，43 (3)：304-308，316.

[82] 田涛. 疏浚底泥免烧高强骨料制备混凝土及其性能研究 [D]. 天津：天津科技大学，2018.

[83] 王乐乐，杨鼎宜，刘亚东，等. 轻质污泥陶粒研制及其膨胀机理的探讨 [J]. 混凝土，2013 (4)：40-43.

[84] 吴小缓，廖述聪，何仕均，等. 水处理用陶粒滤料的研究现状 [J]. 粉煤灰综合利用，2015 (3)：49－52.

[85] HAN S X，YUE Q Y，YUE M，et al. The characteristics and application of sludge－fly ash ceramic particles (SFCP) as novel filter media [J]. Journal of hazardous materials，2009，171 (1).

[86] HE H T，ZHAO P，YUE Q Y，et al. A novel polynary fatty acid/sludge ceramsite composite phase change materials and its applications in building energy conservation [J]. Renewable energy，2015，76.

[87] WU S Q，QI Y F，YUE Q Y，et al. Preparation of ceramic filler from reusing sewage sludge and application in biological aerated filter for soy protein secondary wastewater treatment [J]. Journal of hazardous materials，2015，283.

[88] WANG C，WU J Z，ZHANG F S. Development of porous ceramsite from construction and demolition waste [J]. Environmental technology，2013，34 (13－16).

[89] 杨雪晴，宋杰光，钟璐，等. 利用工业固废制备陶粒的研究及建筑工程领域应用现状 [J]. 砖瓦，2021 (8)：51－54.

[90] 栾皓翔，吴瑾，朱万旭，等. 再生陶粒混凝土吸音板的制备与声学性能 [J]. 中南大学学报（自然科学版)，2020，51 (5)：1299－1308.

[91] 林岩，王银，孙瑞，等. 市政污泥资源化在海绵城市建设中的应用 [J]. 资源节约与环保，2018 (3)：104.

[92] 吕品. 陶粒在花卉无土栽培中的应用研究 [J]. 国土与自然资源研究，2004 (3)：96.

[93] 黄旭. 新型粉煤灰免烧陶粒的制备及其在 BAF 中的应用研究 [D]. 哈尔滨：哈尔滨工业大学，2012.

[94] 吴红，徐立飞，吴刁，等. 煤矸石活化的研究现状与展望 [J]. 广州化工，2017，45 (1)：7－8，43.

[95] TANG P，FLOREA M V A，BROUWERS H J H. Employing cold bonded pelletization to produce lightweight aggregates from incineration fine bottom ash [J]. Journal of cleaner production，2017，165.

[96] CHALERMPHAN N，ARNON C. Phase characterizations physical properties and strength of environment－friendly cold－bonded fly ash lightweight aggregates [J]. Journal of cleaner production，2018，171.

[97] BUI L A T，HUANG C L，CHEN C T，et al. Manufacture and performance of cold bonded lightweight aggregate using alkaline activators for high performance concrete [J]. Construction and building materials，2012，(35)：1056－1062.

[98] 徐悦清，马兵，张后虎，等. 纺织污泥对免烧陶粒的制备及性能影响研究 [J]. 功能材料，2021，52 (8)：8179－8187.

[99] 周鹏飞. 生物填料的研制及应用研究 [D]. 沈阳：沈阳理工大学，2011.

[100] 刘丹妮. 给水厂残泥免烧陶粒的制备及对水中铅/镉的吸附性能研究 [D]. 湘潭：湘潭大学，2019.

[101] 刘子述，黄旭，马放，等. 适用于 BAF 的粉煤灰免烧陶粒的制备 [J]. 环境工程，2012，30 (增刊 2)：262－266.

[102] 周颜，贾瑞，周兰，等. 疏浚底泥免烧陶粒的制备及其净水效果 [J]. 环境工程学报，2017，11 (5)：2804 - 2811.

[103] 周靖淳. 免烧及烧结污泥陶粒滤料的开发及应用技术研究 [D]. 武汉：武汉大学，2017.

[104] 戴晓虎，侯立安，章林伟，等. 我国城镇污泥安全处置与资源化研究 [J]. 中国工程科学，2022，24 (5)：145 - 153.

[105] 戴晓虎. 我国污泥处理处置现状及发展趋势 [J]. 科学，2020，72 (6)：30 - 34，4.

[106] 冯志远，罗霄，黄启林. 余泥渣土资源化综合利用研究探讨 [J]. 广东建材，2018，34 (2)：69 - 71.

[107] 陈坤阳，王家远，张育雨，等. 地铁工程余泥渣土产生量估算及空间流向分析 [J]. 环境卫生工程，2021，29 (4)：14 - 21.

[108] 萧辉，涂重航，谷岳飞，等. "渣土围城"隐疾成为很多城市痛点 [J]. 安全与健康，2016 (1)：7 - 10.

[109] 周谷城. 基于荆江河段粘性弃土固化利用的土体特性研究 [J]. 现代交通技术，2016，13 (4)：73 - 76.

[110] 姚粉霞，陈贵屏，胡伟，等. 利用不同有机和无机固体废物配制人工土壤的研究 [J]. 环境污染与防治，2016，38 (1)：8 - 13.

[111] LIU Y，ZHOU S，LIU R，et al. Utilization of waste sludge：Activation/modification methods and adsorption applications of sludge - based activated carbon [J]. Journal of water process engineering，2022，49：103111.

[112] YE Y T，HAO N H，GUO W S，et al. A critical review on utilization of sewage sludge as environmental functional materials [J]. Bioresource technology，2022，363：127984.

[113] DJANDJA O S，YIN L X，WANG Z C，et al. From wastewater treatment to resources recovery through hydrothermal treatments of municipal sewage sludge：A critical review [J]. Process safety and environmental protection，2021，151：101 - 127.

[114] INC M E，TCHOBANOGLOUS G，BURTON F L，et al. Wastewater engineering：Treatment and resource recovery Treatment and reuse [J]. McGraw - Hill series in water resources and environmental engineering，2013，73 (1)：50 - 51.

[115] SELLIER A，KHASKA S，LA SALLE C L G. Assessment of the occurrence of 455 pharmaceutical compounds in sludge according to their physical and chemical properties：A review [J]. Journal of hazardous materials，2022，426：128104 - 12827.

[116] 李方玉. 污泥资源化利用的前景分析 [J]. 中国资源综合利用，2021，39 (6)：86 - 88.

[117] ZORPAS A A，PEDREñO J N，CANDEL M B A. Heavy metal treatment and removal using natural zeolites from sewage sludge，compost，and agricultural soils：a review [J]. Arabian journal of geosciences，2021，14 (12)：1098.

[118] 蒋自力，金宜英，张辉，等. 污泥处理处置与资源综合利用技术 [M]. 北京：化学工业出版社，2018：25 - 27.

[119] ČERNE M，PALČIĆ I，MAJOR N，et al. Effect of sewage sludge derived compost or biochar amendment on the phytoaccumulation of potentially toxic elements and radionuclides by Chinese cabbage [J]. Journal of environmental management，2021，293：112955.

[120] 于小娟，蒋吉方. 污泥填埋关键技术研究现状与发展 [J]. 四川建筑科学研究，2014，40（4）：206－210.

[121] 周跃男，王硕. 浅析城市污水污泥的特性及处理处置方式 [J/OL]. 石油化工，2021（Z1）：74－78.

[122] 谢昆，尹静，陈星. 中国城市污水处理工程污泥处置技术研究进展 [J]. 工业水处理，2020，40（7）：18－23.

[123] 陈祥，徐福银，包兵，等. 污泥处理产物和产品园林利用的分析 [J]. 给水排水，2017，53（6）：41－44.

[124] XIAO K，ABBT－BRAUN G，HORN H. Changes in the characteristics of dissolved organic matter during sludge treatment：A critical review [J]. Water research，2020，187：116441.

[125] 安叶，张义斌，黎攀，等. 我国市政生活污泥处置现状及经验总结 [J]. 给水排水，2021，57（S1）：94－98.

[126] BOUDJABI S，CHENCHOUNI H. On the sustainability of land applications of sewage sludge：how to apply the sewage biosolid in order to improve soil fertility and increase crop yield [J]. Chemosphere，2021，282：131122.

[127] FERNANDES A S，TOMÉ A，FILIPE R，et al. Plant uptake potential and soil persistence of volatile methylsiloxanes in sewage sludge amended soils. [J]. Chemosphere，2022，308（P1）：136314.

[128] 丁超群，白莉萍，齐洪涛. 堆肥污泥施用于杨树后土壤理化性质及土壤污染风险 [J]. 环境工程学报，2022，16（7）：2381－2387.

[129] 李明东，丛新，张志峰. 资源化利用废泥生产建材的现状与展望 [J]. 环境工程，2016，34（4）：116－121.

[130] 钱觉时，谢从波，谢小莉，等. 城市生活污水污泥建材利用现状与研究进展 [J]. 建筑材料学报，2014，17（5）：829－836，891.

[131] ZOU F，LENG Z，CAO R，et al. Performance of zeolite synthesized from sewage sludge ash as a warm mix asphalt additive [J]. Resources，conservation and recycling，2022，181：106254.

[132] ZAT T，BANDIEIRA M，SATTLER N，et al. Potential re－use of sewage sludge as a raw material in the production of eco－friendly bricks [J]. Journal of environmental management，2021，297：113238.

[133] WANG H，XU J，LIU Y，et al. Preparation of ceramsite from municipal sludge and its application in water treatment：A review [J]. Journal of environmental management，2021，287：112374.

[134] DANISH A，OZBAKKALOGLU T. Greener cementitious composites incorporating sewage sludge ash as cement replacement：A review of progress，potentials，and fu-

ture prospects [J]. Journal of cleaner production, 2022: 133364.

[135] KRAHN K M, CORNELISSEN G, CASTRO G, et al. Sewage sludge biochars as effective PFAS - sorbents [J]. Journal of hazardous materials, 2023, 445: 130449.

[136] QIN J, ZHANG C, CHEN Z, et al. Converting wastes to resource: Utilization of dewatered municipal sludge for calcium - based biochar adsorbent preparation and land application as a fertilizer [J]. Chemosphere, 2022, 298: 134302.

[137] 周群英，王士芬. 环境工程微生物学 [M]. 北京：高等教育出版社，2008：349 - 351.

[138] CHEN Z, ZHANG S, WEN Q. Effect of aeration rate on composting of penicillin mycelial dreg [J]. Enviromental science, 2015, 37: 172 - 178.

[139] BERNAL M P, ALBURQUERQUE J A, MORAL R. Composting of animal manures and chemical criteria for compost maturity assessment. A review [J]. Bioresource Technology, 2009, 100 (22): 5444 - 5453.

[140] CARLOS G, TERESA H, FRANCISCO C. Study on water extract of sewage sludge composts [J]. Soil science&plant nutrition, 1991, 37 (3): 399 - 408.

[141] SUN Z Y, ZHANG J, ZHONG X Z, et al. Production of nitrate - rich compost from the solid fraction of dairy manure by a lab - scale composting system [J]. Waste management, 2016, 51: 55 - 64.

[142] ZENG G, MAN Y, CHEN Y, et al. Effects of inoculation with Phanerochaete chrysosporium at various time points on enzyme activities during agricultural waste composting [J]. Bioresource technology, 2010, 101 (1): 222 - 227.

[143] CHEN R, WANG Y, WANG W, et al. N_2O emissions and nitrogen transformation during windrow composting of dairy manure [J]. Journal of environmental management, 2015, 160: 121 - 127.

[144] NAKASAKI K, IDEMOTO Y, ABE M, et al. Comparison of organic matter degradation and microbial community during thermophilic composting of two different types of anaerobic sludge [J]. Bioresource technology, 2009, 100 (2): 676 - 682.

[145] GAO M, LI B, YU A, et al. The effect of aeration rate on forced - aeration composting of chicken manure and sawdust [J]. Bioresource technology, 2010, 101 (6): 1899 - 1903.

[146] 聂二旗，郑国砥，高定，等. 适量通风显著降低鸡粪好氧堆肥过程中氮素损失 [J]. 植物营养与肥料学报，2019，25 (10)：1773 - 1780.

[147] 安玉亭，刘彬，薛丹丹，等. 城市污泥与稻草混合堆肥氧气消耗的通风量优化研究 [J]. 中国土壤与肥料，2019，279 (1)：128 - 133.

[148] ONWOSI C O, IGBOKWE V C, ODIMBA J N, et al. Composting technology in waste stabilization: On the methods, challenges and future prospects [J]. Journal of environmental management, 2017, 190: 140 - 157.

[149] MOHAMMAD N, ALAM M Z, KABBASHI N A, et al. Effective composting of oil palm industrial waste by filamentous fungi: A review [J]. Resources, conservation and recycling, 2012, 58: 69 - 78.

[150] MAKAN A, ASSOBHEI O, MOUNTADAR M. In - vessel composting under air

pressure of organic fraction of municipal solid waste in Azemmour, Morocco [J]. Water and environment journal, 2014, 28 (3): 401-409.

[151] LI M X, HE X S, TANG J, et al. Influence of moisture content on chicken manure stabilization during microbial agent - enhanced composting [J]. Chemosphere, 2021, 264: 128549.

[152] TANG R, LIU Y, MA R, et al. Effect of moisture content, aeration rate, and C/N on maturity and gaseous emissions during kitchen waste rapid composting [J]. Journal of environmental management, 2023, 326: 116662.

[153] IQBAL M K, NADEEM A, SHERAZI F, et al. Optimization of process parameters for kitchen waste composting by response surface methodology [J]. International journal of environmental science and technology, 2015, 12: 1759-1768.

[154] AWASTHI M K, PANDEY A K, KHAN J, et al. Evaluation of thermophilic fungal consortium for organic municipal solid waste composting [J]. Bioresource technology, 2014, 168: 214-221.

[155] MOHEE R, BOOJHAWON A, SEWHOO B, et al. Assessing the potential of coal ash and bagasse ash as inorganic amendments during composting of municipal solid wastes [J]. Journal of environmental management, 2015, 159: 209-217.

[156] PETRIC I, AVDIHODŽIĆ E, IBRIĆ N. Numerical simulation of composting process for mixture of organic fraction of municipal solid waste and poultry manure [J]. Ecological engineering, 2015, 75: 242-249.

[157] ZHANG W M, YU C X, WANG X J, et al. Increased abundance of nitrogen transforming bacteria by higher C/N ratio reduces the total losses of N and C in chicken manure and corn stover mix composting [J]. Bioresource technology, 2020, 297: 122410.

[158] 尹娇，包立，陈芙蓉，等. 碳氮比对叶菜废弃物好氧堆肥效果的影响 [J]. 中国土壤与肥料，2022，308 (12)：200-205.

[159] CHEN L, CHEN Y, LI Y, et al. Improving the humification by additives during composting: A review [J]. Waste management, 2023, 158: 93-106.

[160] WANG K, DU M, WANG Z, et al. Effects of bulking agents on greenhouse gases and related genes in sludge composting [J]. Bioresource technology, 2022, 344: 126270.

[161] KEBIBECHE H, KHELIL O, KACEM M, et al. Addition of wood sawdust during the co-composting of sewage sludge and wheat straw influences seeds germination [J]. Ecotoxicology and environmental safety, 2019, 168: 423-430.

[162] WANG X, ZHENG G, CHEN T, et al. Application of ceramsite and activated alumina balls as recyclable bulking agents for sludge composting [J]. Chemosphere, 2019, 218: 42-51.

[163] AWASTHI M K, AWASTHI S K, WANG Q, et al. Role of Ca-bentonite to improve the humification, enzymatic activities, nutrient transformation and end product quality during sewage sludge composting [J]. Bioresource technology, 2018,

262：80 - 89.

[164] ZHOU H B, MA C, GAO D, et al. Application of a recyclable plastic bulking agent for sewage sludge composting [J]. Bioresource technology, 2014, 152：329 - 336.

[165] LIU Y, DING L, WANG B, et al. Using the modified pine wood as a novel recyclable bulking agent for sewage sludge composting：Effect on nitrogen conversion and microbial community structures [J]. Bioresource technology, 2020, 309：123357.

[166] 郇辉辉，储昭霞，王兴明，等. 蚯蚓粘液-秸秆炭共同作用对生活污泥堆肥中重金属影响 [J/OL]. 中国生态农业学报（中英文），2022：1 - 10.

[167] 高育慧，周文君，王业春. 泥渣资源再生种植土及其应用前景 [J]. 广东园林，2019，41（3）：57 - 60.

[168] 高二利. 500～700 密度等级渣土陶粒的研制及其性能 [J]. 交通科学与工程，2019，35（1）：25 - 31.

[169] 卢红霞，张灵，高凯，等. 利用建筑垃圾及高炉渣制备新型烧结砖的研究 [J]. 新型建筑材料，2019，46（2）：133 - 137.

[170] 王海良，赵于博，荣辉，等. 制备工艺对含有工程渣土的混凝土性能影响研究 [J]. 硅酸盐通报，2018，37（8）：2526 - 2530.

[171] ZHOU C. Production of eco - friendly permeable brick from debris [J]. Construction and building materials, 2018, 188：850 - 859.

[172] KHODADADI M, MORADI L, DABIR B, et al. Reuse of drill cuttings in hot mix asphalt mixture：a study on the environmental and structure performance [J]. Construction and building materials, 2020, 256：119453.

[173] 徐创军，杨立中，杨红薇. 添加泥炭对工程弃土结构改良效应的试验研究 [J]. 路基工程，2007（2）：30 - 31.

[174] 邓川，郭晶晶，郭小平，等. 工程渣土配制喷播基质的配方筛选研究 [J]. 土壤通报，2016，47（4）：959 - 965.

[175] KOGBARA R B, DUMKHANA B B, AYOTAMUNO J M, et al. Recycling stabilised/solidified drill cuttings for forage production in acidic soils [J]. Chemosphere, 2017, 184：652 - 663.

[176] XUE M, DAI Z K, LI Z, et al. Environmentally friendly comprehensive recycling utilization technology of foundation engineering slurry [J]. Construction and building materials, 2023, 368：130400.

[177] 陈贵屏. 利用固体废弃物制备人工土壤的可行性研究 [D]. 扬州：扬州大学，2015.

[178] 毛羽，张无敌. 无土栽培基质的研究进展 [J]. 农业与技术，2004（3）：83 - 88.

[179] 周惠民，何丽斯，李畅，等. 花卉无土栽培泥炭基质的替代研究 [J]. 江苏林业科技，2019，46（3）：45 - 48.

[180] SANDERSON K C. Use of sewage - refuse compost in the production of ornamental plants [J]. HortScience, 1980, 15（2）：173 - 178.

[181] BERTA K M, KURDI R, LUKÁCS P, et al. Red mud with other waste materials as artificial soil substitute and its effect on Sinapis alba [J]. Journal of environmental management, 2021, 287：112311.

[182] VUPPALADADIYAM S S V, BAIG Z T, SOOMRO A F, et al. Characterisation of overburden waste and industrial waste products for coal mine rehabilitation [J]. International journal of mining, reclamation and environment, 2019, 33 (8): 517 - 526.

[183] BARREDO O, VILELA J, GARBISU C, et al. Technosols made from urban and industrial wastes are a good option for the reclamation of abandoned city plots [J]. Geoderma, 2020, 377: 114563.

[184] ZOCCHE J J, SEHN L M, PILLON J G, et al. Technosols in coal mining areas: Viability of combined use of agro - industry waste and synthetic gypsum in the restoration of areas degraded [J]. Cleaner engineering and technology, 2023: 100618.

[185] SINGH A K, ZHU X, CHEN C, et al. Investigating the recovery in ecosystem functions and multifunctionality after 10 years of natural revegetation on fly ash technosol [J]. Science of the total environment, 2023: 162598.

[186] 马海龙，刘忠华，段志平，等. 蚯蚓粪替代泥炭的栽培基质特性及对绿萝和吊兰花卉生长的影响 [J]. 中国土壤与肥料，2021 (5): 112 - 118.

[187] 赵兴华，岳玲，吴海红，等. 珍珠岩椰糠混合基质影响君子兰营养生长的试验 [J]. 分子植物育种，2022，20 (21): 7224 - 7228.

[188] 郝丹，张璐，孙向阳，等. 金盏菊栽培中园林废弃物堆肥与牛粪替代泥炭的效果分析 [J]. 植物营养与肥料学报，2020，26 (8): 1556 - 1564.

[189] ZMORA NAHUM S, MARKOVITCH O, TARCHITZKY J, et al. Dissolved organic carbon (DOC) as a parameter of compost maturity [J]. Soil biology and biochemistry, 2005, 37 (11): 2109 - 2116.

[190] 刘明，李霖昱，胡爱彬，等. 湖泊底泥好氧堆肥过程中溶解性有机物的转化规律 [J]. 安全与环境工程，2022，29 (5): 155 - 163.

[191] 李磊. 绿化废弃物堆肥技术优化与堆肥应用效果研究 [D]. 北京：北京林业大学，2021: 40.

[192] PETRIC I, HELIĆ A, AVDIĆ E A. Evolution of process parameters and determination of kinetics for co - composting of organic fraction of municipal solid waste with poultry manure [J]. Bioresource technology, 2012, 117: 107 - 116.

[193] CHEN W, LIAO X, WU Y, et al. Effects of different types of biochar on methane and ammonia mitigation during layer manure composting [J]. Waste management, 2017, 61: 506 - 515.

[194] ZUCCONI F, MONACO A, Debertoldi M. Biological evaluation of compost maturity [J]. Biocycle, 1981, 22 (4): 27 - 29.

[195] ZHANG L, SUN X. Effects of bean dregs and crab shell powder additives on the composting of green waste [J]. Bioresource technology, 2018, 260: 283 - 293.

[196] 陈大勇，王里奥，林登发，等. 复合微生物菌剂对污泥堆肥营养学指标的影响 [J]. 中国给水排水，2010，26 (1): 20 - 23.

[197] 刘阳，安明哲，张富勇，等. 好氧堆肥法处置酿酒丢糟与废水污泥的原料配比 [J]. 食品与发酵工业，2019，45 (20): 190 - 196.

[198] JIANG J, KANG K, ZHANG C, et al. Adding phosphate fertilizer and apple waste to pig manure during composting mitigates nitrogen gas emissions and improves compost quality [J]. Journal of environmental quality, 2019, 48 (5): 1534 - 1542.
[199] 李鸣晓，何小松，刘骏，等. 鸡粪堆肥水溶性有机物特征紫外吸收光谱研究 [J]. 光谱学与光谱分析，2010，30 (11): 3081 - 3085.
[200] 占新华，周立祥，沈其荣，等. 污泥堆肥过程中水溶性有机物光谱学变化特征 [J]. 环境科学学报，2001 (4): 470 - 474.
[201] 李丹，何小松，高如泰，等. 紫外-可见光谱研究堆肥水溶性有机物不同组分演化特征 [J]. 中国环境科学，2016，36 (11): 3412 - 3421.
[202] STEDMON C A, MARKAGER S, BRO R. Tracing dissolved organic matter in aquatic environments using a new approach to fluorescence spectroscopy [J]. Marine chemistry, 2003, 82 (3 - 4): 239 - 254.
[203] CHEN W, WESTERHOFF P, LEENHEER J A, et al. Fluorescence excitation - emission matrix regional integration to quantify spectra for dissolved organic matter [J]. Environmental science & technology, 2003, 37 (24): 5701 - 5710.
[204] TANG M, WU Z, LI W, et al. Effects of different composting methods on antibiotic - resistant bacteria, antibiotic resistance genes, and microbial diversity in dairy cattle manures [J]. Journal of dairy science, 2023, 106 (1): 257 - 273.
[205] ZHAO Y, LI W, CHEN L, et al. Impacts of adding thermotolerant nitrifying bacteria on nitrogenous gas emissions and bacterial community structure during sewage sludge composting [J]. Bioresource technology, 2023, 368: 128359.
[206] LIANG J, TANG S, GONG J, et al. Responses of enzymatic activity and microbial communities to biochar/compost amendment in sulfamethoxazole polluted wetland soil [J]. Journal of hazardous materials, 2020, 385: 121533.
[207] ZHONG X Z, LI X X, ZENG Y, et al. Dynamic change of bacterial community during dairy manure composting process revealed by high - throughput sequencing and advanced bioinformatics tools [J]. Bioresource technology, 2020, 306: 123091.
[208] WANG K, MAO H, WANG Z, et al. Succession of organics metabolic function of bacterial community in swine manure composting [J]. Journal of hazardous materials, 2018, 360: 471 - 480.
[209] KONG W, SUN B, ZHANG J, et al. Metagenomic analysis revealed the succession of microbiota and metabolic function in corncob composting for preparation of cultivation medium for Pleurotus ostreatus [J]. Bioresource technology, 2020, 306: 123156.
[210] WANG N, ZHAO K, LI F, et al. Characteristics of carbon, nitrogen, phosphorus and sulfur cycling genes, microbial community metabolism and key influencing factors during composting process supplemented with biochar and biogas residue [J]. Bioresource technology, 2022, 366: 128224.
[211] WANG Y, TANG Y, YUAN Z. Improving food waste composting efficiency with mature compost addition [J]. Bioresource technology, 2022, 349: 126830.
[212] LI X, LI K, WANG Y, et al. Diversity of lignocellulolytic functional genes and het-

erogeneity of thermophilic microbes during different wastes composting [J]. Bioresource technology，2023，372：128697.

[213] MENG L，XU C，WU F. Microbial co - occurrence networks driven by low - abundance microbial taxa during composting dominate lignocellulose degradation [J]. Science of the total environment，2022，845：157197.

[214] ZHU P，LI Y，GAO Y，et al. Insight into the effect of nitrogen - rich substrates on the community structure and the co - occurrence network of thermophiles during lignocellulose - based composting [J]. Bioresource technology，2021，319：124111.

[215] LIU C，YAO H，CHAPMAN S J，et al. Changes in gut bacterial communities and the incidence of antibiotic resistance genes during degradation of antibiotics by black soldier fly larvae [J]. Environment international，2020，142：105834.

[216] 李柯蒙，李洁月，游少鸿，等. 猪粪堆肥过程中腐殖酸电子转移机制及光谱演化特征 [J]. 环境工程，2022，40 (12)：79 - 88.

[217] 张秧，艾为党，冯海艳，等. 小麦秸秆好氧堆肥过程中微生物多样性与优势菌群分析 [J]. 农业工程学报，2021，37 (11)：206 - 212.

[218] CHEN L，LI W，ZHAO Y，et al. Evaluation of bacterial agent/nitrate coupling on enhancing sulfur conversion and bacterial community succession during aerobic composting [J]. Bioresource technology，2022，362：127848.

[219] 陈彤，邱军付，齐兴育，等. 园林废弃物基栽培基质的配方筛选及综合评价 [J]. 环境工程学报，2021，15 (4)：1444 - 1450.

[220] 方海兰，徐忠，张浪，等. 园林绿化土壤质量标准及应用 [M]. 北京：中国林业出版社，2016.

[221] 杨真太. 桥梁施工废弃泥浆性质特征和环境危害性分析 [J]. 黑龙江交通科技，2013，36 (10)：97 - 99.

[222] 陈蕊，杨凯，肖为，等. 工程渣土的资源化处理处置分析 [J]. 环境工程，2020，38 (3)：22 - 26.

[223] 王清江. 振筛分离及沉淀净化技术在施工废弃泥浆处理中的应用 [J]. 国防交通工程与技术，2015，13 (1)：75 - 77.

[224] 张春雷，管非凡，李磊，等. 中国疏浚淤泥的处理处置及资源化利用进展 [J]. 环境工程，2014，32 (12)：95.

[225] 先端建設技術センター，建設大臣官房技術調査室. 建設汚泥リサイクル指針 [M]. 东京：株式会社大成出版社，1999.

[226] LEE K H，KIM J D. Performance evaluation of modified marine dredged soil and recycled in - situ soil as controlled low strength materials for underground pipe [J]. Ksce journal of civil engineering，2013，17 (4)：674.

[227] 助川禎. 泥水シールド発生土によるトンネルインバート材の開発 [J]. 土木学会論文集，1994，504：107.